解 读 地 球 密 码

丛书主编　孔庆友

寒武纪统治者
三叶虫

Trilobita
The Cambrian Ruler

本书主编　陈　诚　宋香锁　张　超

山东科学技术出版社
·济南·

图书在版编目（CIP）数据

寒武纪统治者——三叶虫 / 陈诚，宋香锁，张超主编 . -- 济南：山东科学技术出版社，2016.6（2023.4重印）

（解读地球密码）

ISBN 978-7-5331-8350-9

Ⅰ.①寒… Ⅱ.①陈… ②宋… ③张… Ⅲ.①三叶虫纲 - 普及读物 Ⅳ.① Q959.222-49

中国版本图书馆 CIP 数据核字（2016）第 141400 号

丛书主编　孔庆友

本书主编　陈　诚　宋香锁　张　超

寒武纪统治者——三叶虫
HANWUJI TONGZHIZHE——SANYECHONG

责任编辑：赵　旭
装帧设计：魏　然

主管单位：山东出版传媒股份有限公司
出 版 者：山东科学技术出版社
　　　　　地址：济南市市中区舜耕路 517 号
　　　　　邮编：250003　电话：（0531）82098088
　　　　　网址：www.lkj.com.cn
　　　　　电子邮件：sdkj@sdcbcm.com
发 行 者：山东科学技术出版社
　　　　　地址：济南市市中区舜耕路 517 号
　　　　　邮编：250003　电话：（0531）82098067
印 刷 者：三河市嵩川印刷有限公司
　　　　　地址：三河市杨庄镇肖庄子
　　　　　邮编：065200　电话：（0316）3650395

规　格：16 开（185 mm×240 mm）
印　张：6.75　字数：122 千
版　次：2016 年 6 月第 1 版　印次：2023 年 4 月第 4 次印刷
定　价：35.00 元
审图号：GS（2017）1091 号

普及地质科学知识

提高民族科学素质

李廷栋

2016年元月

传播地学知识，弘扬科学精神，
践行绿色发展观，为建设
美好地球村而努力。

翟裕生
2015年10月

贺　词

　　自然资源、自然环境、自然灾害，这些人类面临的重大课题都与地学密切相关，山东同仁编著的《解读地球密码》科普丛书以地学原理和地质事实科学、真实、通俗地回答了公众关心的问题。相信其出版对于普及地学知识，提高全民科学素质，具有重大意义，并将促进我国地学科普事业的发展。

国土资源部总工程师

　　编辑出版《解读地球密码》科普丛书，举行业之力，集众家之言，解地球之理，展齐鲁之貌，结地学之果，蔚为大观，实为壮举，必将广布社会，流传长远。人类只有一个地球，只有认识地球、热爱地球，才能保护地球、珍惜地球，使人地合一、时空长存、宇宙永昌、乾坤安宁。

山东省国土资源厅副厅长

编著者寄语

★ 地学是关于地球科学的学问。它是数、理、化、天、地、生、农、工、医九大学科之一，既是一门基础科学，也是一门应用科学。

★ 地球是我们的生存之地、衣食之源。地学与人类的生产生活和经济社会可持续发展紧密相连。

★ 以地学理论说清道理，以地质现象揭秘释惑，以地学领域广采博引，是本丛书最大的特色。

★ 普及地球科学知识，提高全民科学素质，突出科学性、知识性和趣味性，是编著者的应尽责任和共同愿望。

★ 本丛书参考了大量资料和网络信息，得到了诸作者、有关网站和单位的热情帮助和鼎力支持，在此一并表示由衷谢意！

科学指导

李廷栋 中国科学院院士、著名地质学家

翟裕生 中国科学院院士、著名矿床学家

编著委员会

主　　任	刘俭朴　李　琥
副 主 任	张庆坤　王桂鹏　徐军祥　刘祥元　武旭仁　屈绍东
	刘兴旺　杜长征　侯成桥　臧桂茂　刘圣刚　孟祥军
主　　编	孔庆友
副 主 编	张天祯　方宝明　于学峰　张鲁府　常允新　刘书才
编　　委	（以姓氏笔画为序）

卫　伟　王　经　王世进　王光信　王来明　王怀洪
王学尧　王德敬　方　明　方庆海　左晓敏　石业迎
冯克印　邢　锋　邢俊昊　曲延波　吕大炜　吕晓亮
朱友强　刘小琼　刘凤臣　刘洪亮　刘海泉　刘继太
刘瑞华　孙　斌　杜圣贤　李　壮　李大鹏　李玉章
李金镇　李香臣　李勇普　杨丽芝　吴国栋　宋志勇
宋明春　宋香锁　宋晓媚　张　峰　张　震　张永伟
张作金　张春池　张增奇　陈　军　陈　诚　陈国栋
范士彦　郑福华　赵　琳　赵书泉　郝兴中　郝言平
胡　戈　胡智勇　侯明兰　姜文娟　祝德成　姚春梅
贺　敬　徐　品　高树学　高善坤　郭加朋　郭宝奎
梁吉坡　董　强　韩代成　颜景生　潘拥军　戴广凯

书稿统筹 宋晓媚　左晓敏

目 录
CONTENTS

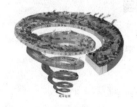

Part 2 聚焦寒武纪生命大爆发

寒武纪生命大爆发的证据 / 17

寒武纪开始后不久，无脊椎动物门类的数量和种类数突然间呈爆炸式的增长。自澄江生物群、布尔吉斯生物群、凯里生物群相继被发现后，人们逐渐揭开了寒武纪生命大爆发的神秘面纱。

寒武纪生命大爆发的原因/21

寒武纪生命大爆发是由群落生存环境、有性繁殖和生态系统的复杂化等几方面因素引起的。

寒武纪时期的海洋世界/23

寒武纪的海洋世界以海生无脊椎动物和海生藻类为主，其中节肢动物门的三叶虫数量最多，因此寒武纪又被称为"三叶虫时代"。

Part 3 走进三叶虫王国

三叶虫名称的由来/26

最初三叶虫化石被称为蝙蝠石，由于其个体从纵向和横向上都可分为三部分，因此地质学家瓦尔给出了一个形象的名称——三叶虫。

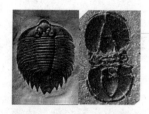

Part 4 揭秘三叶虫化石

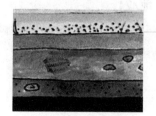

三叶虫化石的采集和鉴定/40

采集三叶虫化石需要各种装备，包括野外服装、地质锤、GPS、放大镜等。野外采集三叶虫化石的流程有野外观察、化石发掘、标本信息登记等步骤。

Part 5 概览中外三叶虫化石

世界的三叶虫化石/44

根据世界各地分布的三叶虫化石特征，大概可划分为三大生物区：亚澳太平洋区、欧美大西洋区和混生区。

我国的三叶虫化石/45

分布在我国的三叶虫化石主要赋存于寒武纪和奥陶纪地层中。研究历史悠久，分布广泛，在类群组合上显示了其具有地区性特征。

山东的三叶虫化石/60

山东地区分布的三叶虫化石有其典型性，共有27个属。同时拥有众多三叶虫化石典型产地。

山东三叶虫化石典型产地/74

山东地区三叶虫化石典型产地有济南张夏—崮山、莱芜九龙山和泰安大汶口等地，各个化石产地各具特色。

保护三叶虫化石

科学价值/78

三叶虫化石的科学价值体现在地层划分和跨区域地层对比上。

文化价值/88

三叶虫化石的文化价值体现在其收藏价值上，利用三叶虫化石制作成的砚台、挂件、笔架是具有文化品位的观赏品和收藏品。

科普价值/89

以三叶虫化石为主题建立地质公园，同时借助地质公园内的三叶虫化石自然景观，宣传科普知识，推广地质旅游。

参考文献/92

Part 1 认知生命演化

地球上的生命从何时起源？原始的物质形态如何演化出了生命形态？在地球演化过程中的不同演化阶段之间有哪些联系？这些疑问在本章内容中都能寻到答案。

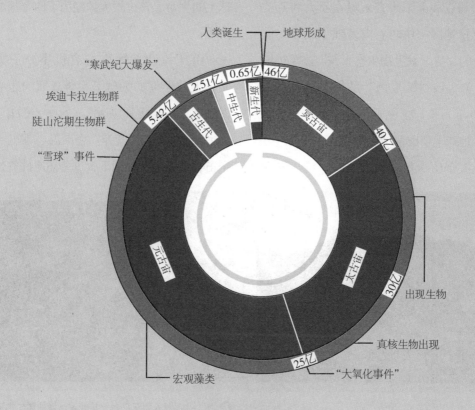

生命起源

地球诞生已有46亿年的历史，然而，生命是从何时出现的？对于这个困扰人类的问题，古生物学家一直努力从地层"记录"里寻找答案。2013年，澳大利亚和美国研究人员在澳大利亚皮尔巴拉地区一块岩石内发现了距今35亿年前的"复杂微生物生态系统"迹象（图1-1）。该"微生物"呈长条形分布，约50 μm长，这说明至少在距今35亿年前，地球上便出现了生命形式。

关于生命是如何起源的，科学界众说纷纭，其中"化学进化论"假说被人们广泛接受。该假说认为，随着原始地球温度逐步下降，非生命状态的物质经过极其复杂的化学过程，逐渐演变生成地球上的生命。该过程大体经历了四个基本阶段：

由还原性气体合成有机小分子物质。 地球早期的大气呈无游离氧的还原性状态，主要成分包括H_2、NH_3、CH_4、CO_2、H_2S和水蒸气等。在高温、雷电、宇宙射线等条件作用下，这些还原性气体

"微生物"所在野外地貌　　　　"微生物"显微镜下特征（箭头指向）

100 μm

▲ 图1-1　澳大利亚皮尔巴拉地区发现的微生物迹象

能合成氨基酸等组成生物体的有机小分子，该过程已被米勒实验所证实。

由有机小分子物质合成复杂的生物大分子物质。在实验室条件下，有机物小分子可以形成蛋白质、核酸等有机大分子聚合体。例如，1963年，美国洛克菲勒大学的梅里菲尔德（R.B.Merrifield）教授研究出用氨基酸合成具有生物活性的多肽方法，并由此获得了1984年的诺贝尔化学奖。1981年，我国生物学家王德宝合成了酵母丙氨酸转移核糖核酸。这些成果说明了有机小分子物质经过长期的生物化学变化，可以合成复杂的生物大分子物质。

生物大分子物质合成多分子体系。经过漫长的变化，生物大分子物质开始向高级生命形态逐步进化。福克斯（S.W.Fox）提出了微球体模型，他将各种氨基酸混合在一起加热至170℃，数小时后就生成一些具有蛋白质特性的类蛋白，将这些类蛋白放在稀盐冷却溶液中进行分解，在显微镜下可观察到微型球体呈浮动状态。这些微球体以稳定的双层膜形式存在，在高渗溶液环境下会收缩，在低渗溶液环境下会膨胀，在适宜的环境下产生分裂和变异形成新的物质，同时可进行分裂或滋生性繁衍。

由多分子体系进化成原始生命。苏联生物学家奥巴林提出多肽、蛋白质、核苷酸等多分子会凝成团聚体，浸在含有无机盐和有机物的溶液中可以和外界环境进行物质能量交换，通过自然选择，核苷酸和多肽间逐渐建立起紧密联系，由量的积累发生质的飞跃，最终诞生了生命。

——地学知识窗——

米勒实验

美国著名的化学家米勒（S.L.Miller）曾在1953年模拟原始地球大气物质在雷鸣闪电的作用下生成新产物的过程。结果表明，甲烷、氢气等还原性混合气体经过化学催化作用，可以合成甘氨酸、丙氨酸等20余种有机物。

地质年代单位划分

为了方便研究地球演化历史，根据各阶段生物演化特征，地质学家建立了六个不同级别的地质年代单位，按级别从大到小，将地质时期划分为宙、代、纪、世、期、时，而与此相对应的年代地层单位分别为宇、界、系、统、阶、时带（表1-1）。

表1-1　　　　　　　　　　　地质年代单位和年代地层单位表

地质年代单位			年代地层单位		
宙(Eon)			宇(Eonthem)		
代(Era)			界(Erathem)		
纪(Period)			系(System)		
世(Epoch)	晚(Late)		统(Series)	上(Upper)	
	中(Middle)			中(Middle)	
	早(Early)			下(Lower)	
期(Age)			阶(Stage)		
时(Chron)			时带(Era)		

宙是地质年代第一级分类单位，目前将地球演化历史划分为四个宙，分别为冥古宙、太古宙、元古宙和显生宙，表1-2中显示了各宙所跨越的时间范围。代是地质年代第二级分类单位，其划分界线根据古生物界整体演化特征而定。纪是地质年代第三级分类单位，是由全球生物界演化总体面貌来划分的。世是地质年代常用的第四级分类单位，根据纪所跨越时代内地质和生物演化阶段性特征再细分两个或者三个"世"级单元。期是由一个阶范围内的具体生物群为依据来划分。时是在一个古生物化石带延续的时间，是比期低一级的地质年代基本单位。所划分的地质年代单元及相应的年代地层各单元的时限，主要用同位素地质年龄来界定。

表1-2　　　　　　　　　　　地质年代表

地质年代单位				距今年龄（单位：百万年）	生物演化特征
宙	代	纪	世		
显生宙	新生代	第四纪	全新世	0.01	被子植物繁盛
			更新世	2.59	
		新近纪	上新世	5.33	
			中新世	23.30	
		古近纪	渐新世	33.90	
			始新世	55.80	
			古新世	65.50	
	中生代	白垩纪	晚白垩世	99.60	裸子植物繁盛
			早白垩世	145.50	
		侏罗纪	晚侏罗世	161.20	
			中侏罗世	175.60	
			早侏罗世	199.60	
		三叠纪	晚三叠世	228.70	
			中三叠世	245.90	
			早三叠世	251.00	
	晚古生代	二叠纪	乐平世	260.40	蕨类植物和两栖类时代
			瓜德鲁普世	270.60	
			乌拉尔世	299.00	
		石炭纪	宾西法利亚纪	318.10	
			密西西比亚纪	359.20	
		泥盆纪	晚泥盆世	385.30	裸蕨植物和鱼类时代
			中泥盆世	397.50	
			早泥盆世	416.00	
	早古生代	志留纪	普里道利世	418.70	
			罗德洛世	422.90	
			温洛克世	428.20	
			兰多维列世	444.00	
		奥陶纪	晚奥陶世	461.00	真核藻类和无脊椎动物时代
			中奥陶世	472.00	
			早奥陶世	488.30	
		寒武纪	芙蓉世	499.00	
			Series 3	510.00	
			Series 2	521.00	
			纽芬兰世	542.00	
元古宙	新元古代			1000	
	中元古代			1800	
	古元古代			2500	
太古宙	新太古代			2800	细菌藻类时代
	中太古代			3200	
	古太古代			3600	
	始太古代			4000	地球形成和化学进化期
冥古宙				4600	

注：表中地质年龄均代表各地质年代单元起始时间。

5

生命演化曲

地球原始物质成分主要来自于太阳系的原始星云，这一高温星云收缩形成星云盘，通过碰撞凝聚成大小不等的星子体，而星子体通过行星胎再聚集形成地球等不同行星。

地球生命演化的历史可分为四个阶段，即冥古宙、太古宙、元古宙和显生宙（图1-2）。研究表明：冥古宙与化学进化关系密切，到太古宙、元古宙和显生宙时期，生物进化速度加快，生命形态向复杂化、高级化方向进化。

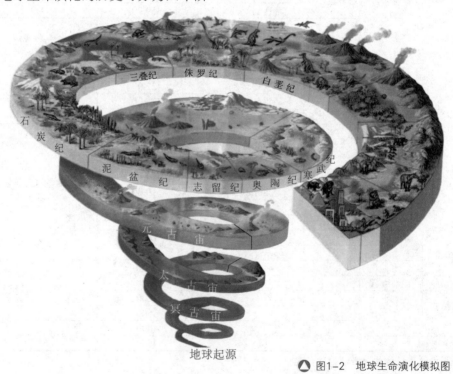

△ 图1-2　地球生命演化模拟图

冥古宙

是地球生命演化的最早阶段，其主要特征表现为：地壳形成，但薄而脆弱；大气主要成分为氢气和氦气。根据现保存的古老岩体上的风化和搬运痕迹推测，在冥古宙末期可能已出现了小规模的水圈，生命演化可能已开始。

太古宙

开始于距今40亿年前，结束于距今25亿年前，持续15亿年。按地质年代顺序，可将太古宙细分为始太古代、古太古代、中太古代和新太古代四个单元，是原始生命出现及初级生物演化的阶段。该时期出现的生物为原核生物，如蓝细菌、古细菌等。美国古生物学家萧普夫（J.W.Schopf）在澳大利亚西部的瓦拉乌纳群地层中（距今35亿~32亿年前），发现了古老的蓝细菌化石（图1-3）。到新太古代晚期，地球上出现了大量的菌类和低等的蓝藻。

根据科学研究推测，太古宙时期大气圈成分主要为二氧化碳、甲烷、硫化氢和水蒸气等。由于二氧化碳被保存于碳酸盐沉积物中，其含量呈逐渐减少的趋势，从而增强了大气层的透光性，为生物进行光合作用提供了有利条件。此外大约在距今25亿年前，地球上发生了"大氧化事件"，表现为大气中的氧气含量突然增加，为原核生物向真核生物的快速进化提供了有利条件。图1-4展示了地质历史上地球大气中主要组分相对浓度的变化趋势。

元古宙

从距今25亿年前开始，到距今5.42亿年前结束，持续约20亿年时间。该

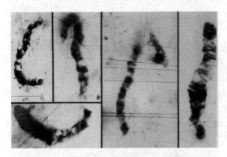

▲ 图1-3 澳大利亚西部瓦拉乌纳群地层中发现的古老的蓝细菌化石

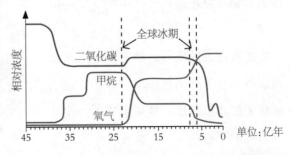

▲ 图1-4 地质历史上地球大气中主要组分相对浓度变化趋势

段地质时期可细化为三个阶段，即古元古代（距今25亿~18亿年前）、中元古代（距今18亿~10亿年前）和新元古代（距今10亿~5.42亿年前）。元古宙是原核生物向真核生物演化、单细胞原生动物向多细胞后生动物演化的重要阶段。真核生物开始出现并以此为基础，引发微生物出现有性繁殖和多细胞分裂，这是地球上整个生物演化的重大转折。在五台山滹沱群（距今约24亿年前）地层中发现了微古植物化石，这可能是最古老的单细胞真核生物化石。此外，还发现有大量的叠层石发育，说明当时的海洋中已有原核生物存在。

在天津蓟县中元古代团山子组（距今约17亿年）中，发现有器官分化的宏观藻类化石，在常州组中发现有分化的生殖器官化石，说明当时海洋中除了原核生物开始大量繁衍之外，有性繁殖和多细胞分裂现象正逐渐登上生物演化的历史舞台。

在新元古代晚期，地球上发生了非常强烈的全球性冰川作用，甚至赤道地区也全被冰雪覆盖，地球变成了一个冰冻雪封的"雪球"，因此地质学家将这一地质作用称为"雪球事件"。迄今为止已在美国、法国、中非，以及中国的华南、西南、西北等地发现了冰期沉积物——冰碛岩。目前普遍认为在新元古代时期至少发生过两期冰川活动：一次是司图特（Sturtian）冰期，时间约在距今7.2亿年前；另外一次是马林诺（Marinoan）冰期，距今约5.9亿年前。紧随"雪球事件"之后，地球生物圈中出现了大量生物物种，特别是后生动物。埃迪卡拉纪陡山沱期的埃迪卡拉生物群被普遍认为是新元古代末期发生"生物大辐射事件"的证据。

——地学知识窗——

地球历史上发生的著名冰期

地球历史上曾发生过多次冰期，除了新元古代晚期冰期以外，比较著名的冰期还有：奥陶纪晚期至志留纪早期的大冰期（距今4.6亿~4.4亿年前）、晚石炭世—早二叠世大冰期（距今3.18亿~2.7亿年前）和第四纪大冰期（距今260万年前）。冰碛物是研究冰期事件的主要对象。

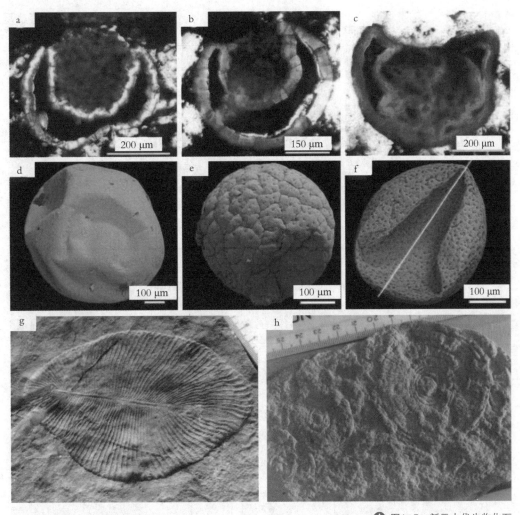

△ 图1-5　新元古代生物化石

瓮安生物群动物化石：a.不对称胚孔型原肠胚化石；b.宽口型原肠胚化石；c.可能的窄胚孔型原肠胚化石；d~f.动物受精卵化石；埃迪卡拉生物群化石：g.狄更逊水母化石；h.环轮水母化石。

在埃迪卡拉纪陡山沱期，除埃迪卡拉生物群外，还出现了以多细胞生物化石为主的"瓮安生物群"和"庙河生物群"等（图1-5、表1-3）。瓮安生物群发现于贵州省瓮安县境内，它是以微体化石的形式保存于陡山沱组磷块岩中。该生物群包含了众多以底栖和浮游形式生存的真核生物，其中有动物胚胎化石。底栖生物群

——地学知识窗——

埃迪卡拉生物群

　　埃迪卡拉生物群因发现于澳大利亚埃迪卡拉山而得名，这些生物生活在距今5.75亿～5.42亿年前的海洋中，是宏体生物演化过程中独特的化石生物群，其生物类型主要为软体化石和印模等。目前，在中国、纳米比亚、加拿大、美国等30多个产地都有发现。

表1-3　　　　　　　　　　　新元古代冰期前后生物演化简表

地质年代		地层单位		年代(Ma)	生物演化化石分布层位				
代	纪				主要生物群	微古植物	宏观藻类	后生动物	原生动物
古生代	寒武纪	寒武系	梅树村组	542	布尔吉斯生物群 凯里生物群 澄江生物群 埃迪卡拉生物群	3	6	12 13 14 15 10 8 9	16
新元古代	埃迪卡拉纪	震旦系	灯影组	650	庙河生物群 瓮安生物群	1 2	4 7	11	
	成冰纪	南华系	陡山沱组						
			南沱组	850	淮南生物群				
			莲沱组			5			
	拉伸纪	青白口系	景儿峪组						
			长龙山组						
			下马岭组	1000					

注：1.简单球形类；2.疑源类；3.带刺球形类；4.圆盘状、长椭圆炭质宏观化石；5.不分叉茎叶体炭质宏观化石；6.丝带状炭质宏观化石；7.树枝状叉形宏观化石；8.皱节虫；9.蠕虫类；10.海绵类；11.棘皮类；12.小壳类；13.三叶虫；14.介形类；15.腕足类；16.瓶状微体类。

落是地球早期真核生物多细胞化、组织分化、两性分化的见证，它们取代了地球上持续了近30亿年的、由原核生物形成的叠层石—微生物席生态系统，展现了"寒武纪生命大爆发"和埃迪卡拉生物群出现以前动物辐射前夕的多细胞生命景观。

显生宙

起始于距今约5.42亿年前，一直延续至今，包括古生代、中生代和新生代。在该时期生物演化呈现出从低级到高级、由简单到复杂的特征，同时又是一个由"多次起源→辐射→灭绝→复苏"组成的循环型演化模式，最显著的特征表现为海洋生物经历了五次生物大灭绝和三次生物大辐射（其中以寒武纪和奥陶纪时期发生的生物大辐射影响较大，中三叠世生物大辐射影响范围较小），相应出现了三个演化动物群：寒武纪演化动物群、古生代演化动物群和现代演化动物群。

五次大灭绝事件

显生宙地质时期生物演化经历了五次生物大绝灭事件，分别为：奥陶纪—志留纪之交生物大灭绝、晚泥盆世生物大灭绝、二叠纪末期生物大灭绝、三叠纪—侏罗纪之交生物大灭绝和白垩纪—古近纪之交生物大灭绝（图1-6）。

奥陶纪—志留纪之交生物大灭绝　在奥陶纪，全球气候温暖，海水广布，世界大多数地区都被浅海海水掩盖。在广阔的海洋中，无脊椎动物空前繁荣，生活着大量的各门类无脊椎动物。除寒武纪开始繁盛的类群以外，其他一些类群还得到进一步的发展，其中包括笔石、珊瑚、腕足、海百合、苔藓虫和软体动物等。大约在距今4.44亿年前的奥陶纪—志留纪过渡时期，发生了地球历史上第一次大规模的生物大灭绝事件，约有85%的海洋生物灭绝。据研究表明，这次事件可能是由一颗直径约10千米的小行星撞击地球引起的，其威力相当于100亿颗广岛原子弹同时爆炸，致使遮天蔽日的尘烟包裹了地球，全球气温下降，地球进入冰河期，许多无脊椎动物因不能适应环境而相继灭绝。

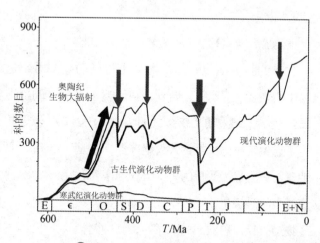

▲ 图1-6　显生宙时期海洋动物科级数目变化曲线

本图显示三大演化动物群和五次大绝灭事件。朝下的箭头代表大绝灭事件，粗细表示灭绝规模的差异。E：埃迪卡拉纪；∈：寒武纪；O：奥陶纪；S：志留纪；D：泥盆纪；C：石炭纪；P：二叠纪；T：三叠纪；J：侏罗纪；K：白垩纪；E+N：古近纪+新近纪。

晚泥盆世生物大灭绝　在泥盆纪，古陆面积扩大，古生物界的生物面貌也发生了巨大的变化。泥盆纪是脊椎动物快速发展的时期，鱼类相当繁盛，故泥盆纪又被称为"鱼类的时代"。此外，两栖动物和四足脊椎动物也在本时期出现。在晚泥盆世—早石炭世之际（距今约3.55亿年）发生了显生宙第二次生物大灭绝事件，78%的海洋物种灭绝，使海洋生物遭到重创。这次灭绝事件的时间范围较长，规模较大，受影响的门类也多，浅海的珊瑚几乎全部灭绝，赤道附近浅水水域的珊瑚礁则是全部毁灭，深海珊瑚也有部分灭绝，层孔虫几乎全部消失，浮游植物的灭绝率达90%以上。

二叠纪末期生物大灭绝　二叠纪是生物界的重要演化时期，海生无脊椎动物中的主要门类有䗴、珊瑚、腕足类和菊石。在二叠纪末期（距今2.51亿年），发生了显生宙第三次生物大灭绝事件，这是地球历史上最为严重的一次大灭绝事件，海洋中的种级生物灭绝率高达96%，科级生物遭灭绝占总数的50%左右，其中两栖类75%的科和爬行类80%的科都灭绝了。曾经繁盛一时的重要门类，如皱纹珊瑚、床板珊瑚、三叶虫等均遭到灭顶之灾。

曾长期统治浅海的腕足动物，如长身贝目、正形贝目全部消亡，连生活于深水海域的放射虫等也惨遭重创。陆生植物方面，鳞木类、芦木类、种子蕨等趋于衰弱或濒于灭绝。

这次大灭绝对二叠纪生态系统进行了一次彻底的更新，为恐龙类等爬行类动物的进化铺平了道路，是古生代向中生代转折的里程碑事件。地质研究显示二叠纪末期大量的火山活动喷发的气体可能是引起这次灭绝事件的原因，短期来说，火山爆发所释放的大量有毒气体会造成生物死亡；从长期来看，释放出的二氧化碳会使地球温度上升，造成这次全球性的地质事件。

三叠纪—侏罗纪之交生物大灭绝　三叠纪是裸子植物繁盛的时代，此时期生活的植物多为一些耐旱的类型，随着气候由半干热、干热向温湿转变，植物趋向繁茂，低丘缓坡则分布有与现代相似的常绿树，如松、苏铁等。到距今约2亿年前，三叠纪与侏罗纪之交，发生了生物灭绝事件，导致主要植物群几乎全部灭绝。研究显示，有近30%的科类是在此时期灭绝的，其中海洋中有20%的科级生物灭绝；陆地上大多数非恐龙类的古蜥目、兽孔目爬行动物和一些大型两栖动物都灭绝了；牙形石类全部灭绝，菊石、海绵动物、头足类动物、腕足动物、昆虫等走到了进化的终点。虽然这次大灭绝的影响范围较弱，但它却腾出了许多生态空间，为很多新物种的产生提供了有利条件，恐龙就此开始了统治地球的征程。

白垩纪—古近纪之交生物大灭绝 又称为K/T灭绝，是地球历史上第二大影响的集群灭绝事件（图1-7）。据统计，在白垩纪末生物有2 868个属，到了古近纪初就只剩下1 502个属，灭绝率达52%；种的灭绝率达85%。受影响最大的是陆地上的恐龙和海洋中的浮游生物，也包括一些海洋底栖生物类别。其中，淡水生物灭绝率达97%，海洋浮游生物为58%，海洋底栖生物为51%。除恐龙灭绝之外，曾在前四次大灭绝中都得以幸存的菊石最终还是灭绝了。恐龙及其同类的消失为哺乳动物及人类的登场提供了契机。这次大灭绝事件使得生物世界的面貌发生了根本性的改变，标志着中生代生物演化结束，地球的地质历史从此进入了一个新纪元——新生代。

显生宙生物大辐射

显生宙时期的两次生物大辐射事件

▲ 图1-7 白垩纪—古近纪之交生物大灭绝想象图

分别发生在寒武纪早期和早—中奥陶世，具体特征如下所述。

寒武纪生物大辐射事件详细情况见于第二章《聚焦寒武纪生命大爆发》，此处不再赘述。

奥陶纪生物大辐射

奥陶纪生物大辐射（the Great Ordovician Bio-diversification Event，GOBE），是指发生在奥陶纪早期的海洋生物数量急剧增加事件，持续了数千万年，是早古生代地球海洋生态系统发生的一次重大生物事件。它的辐射规模是寒武纪后生动物的3倍多，速率是中生代生物辐射的4倍以上，其中古生代演化动物

群的多样性在科级水平上急速增长了近700%。

在寒武纪生命大爆发的基础上，奥陶纪海洋生态类型有了进一步的发展（图1-8）。在台地环境，有深层掘穴（双壳类）、浅层掘穴（多毛类、部分腕足类和三叶虫）、低位固着底栖（腕足类、双壳类等）、高位固着底栖（苔藓虫、珊瑚、树形笔石）、卧栖（软舌螺）、底栖游移（双壳类、腹足类和介形类）等，形成了海洋中不同深度的生物分布情况。此外，在陆棚水域、远洋水域和斜坡环境，还有游泳的头足类，以及浮游的笔石动物、疑源类、几丁虫和放射虫

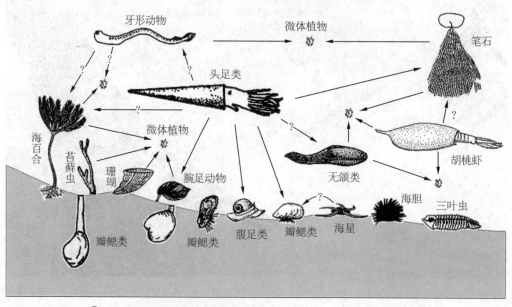

▲ 图1-8 奥陶纪海洋生物的食物网结构（图中"？"表示两类古生物之间的关系不确定）

等。因此，在奥陶纪时期，从海底到海洋表层水，从滨岸到深水斜坡地带，生态域均被有效占领，而且在每一种生态域中都有相当丰富的不同门类的生物。

从华南地区奥陶纪腕足类动物属的数量变化曲线图（图1-9）中可知，该地区奥陶纪生物大辐射事件从特马豆克期末期开始，腕足动物属的数量为18，在凯迪中后期达到巅峰，最大数增至56，至赫南特期末期"GOBE"事件结束。

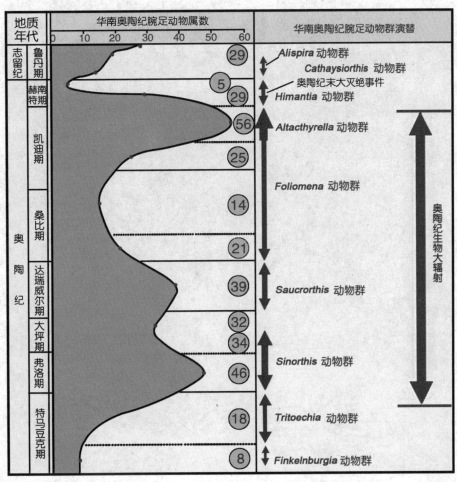

▲ 图1-9　华南奥陶纪腕足动物的辐射演化与动物群演替

15

聚焦寒武纪
生命大爆发

从早寒武世开始，地球上生物的种类和数量呈爆炸式增长，在很短时间内完

成了前寒武纪近40亿年的演化历程，这种现象已被古生物化石所证实。在寒武纪

时期，海洋中的生物以无脊椎动物和藻类为主，三叶虫占据霸主地位，因此寒武

纪成为"三叶虫时代"。

寒武纪生命大爆发的证据

寒武纪开始后不久（距今约5.3亿年前），在不到2000多万年时间内（和地球46亿年演化历史相比，2000万年是相对较短的时间），绝大多数无脊椎动物，如节肢动物、软体动物、腕足动物和环节动物等，其物种种类突然丰富起来，数量呈爆炸式增加，这一生物演化事件被称为"寒武纪生命大爆发"（Cambrian explosion of life），典型的古生物化石证据有"澄江生物群"（图2-1）"布尔吉斯生物群"和"凯里生物群"，这些化石证据为我们了解这神秘的演化事件提供了宝贵的第一手资料。

——地学知识窗——

"寒武纪"的由来

"寒武"一词源自英国威尔士的古拉丁文"Cambria"，在罗马人统治时代北威尔士山曾被称为"寒武山"。1936年，英国地质学家赛德维克（Sedgwick）在威尔士一带进行科学研究，将这一区域内的岩石地层所处时代称为"寒武纪"，后被地质学家引用。

▲ 图2-1　澄江生物群发现地

澄江生物群

该生物群由云南大学侯先光教授于1984年7月1日在云南省澄江县帽天山西坡首次发现，在国际上被誉为"20世纪最惊人的发现之一"，是世界上寒武纪生物大爆发的典型证据。正是澄江生物群的相关研究成果，使得侯先光教授与中国科学院南京地质古生物研究所陈均远研究员、西北大学舒德干教授共同摘取了2003年国家自然科学一等奖的桂冠。

尽管澄江生物群中的古生物生存年代久远，但其大多数属种仍能归入现有的动物门类划分体系中。目前，该生物群里已描述16个门类、120余种古生物化石，如多孔动物、刺细胞动物、栉水母动物、节肢动物、腕足动物、棘皮动物和脊索动物等。从澄江生物群发现地挖掘出了许多精美化石，有莱得利基虫、抚仙湖虫等，其古生物结构保存完好，此外，还有一些藻类化石、痕迹化石和粪便化石，以及大量难以命名的生物（图2-2）。在古生物化石保存完整性方

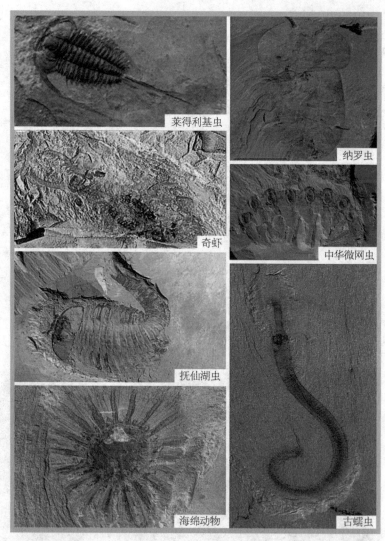

莱得利基虫

纳罗虫

奇虾

中华微网虫

抚仙湖虫

海绵动物

古蠕虫

▲ 图2-2　澄江生物群中的部分化石

面，除了硬体部分，同时还保存了部分精美的动物软体组织，诸如眼睛、表皮、神经、消化道等，为研究寒武纪早期生物大爆发及生物的解剖构造、功能形态、生活习性等提供了重要的实物依据。在古生物形态大小方面，其姿态千奇百怪，大小不一，小的只有几毫米，大的可达几十毫米，真实地展示了寒武纪时期生物界的奇异面貌。

布尔吉斯生物群

1909年8月，在加拿大布尔吉斯山附近的山坡上，美国古生物学家查尔斯·沃克特（C.Walcott）发现了中寒武世三叶虫和类似蠕虫的动物软体压印化石，其中包括著名的马尔三叶形虫、瓦普塔虾和纳罗虫。后经大规模的发掘，并发现了大量古生物化石，其中除有壳的三叶虫和海绵动物以外，还发现了100多种保存十分完整的无脊椎动物化石。人们将这些生存于距今约5.05亿年前的中寒武世化石群命名为"布尔吉斯生物群"，从此揭开了布尔吉斯生物的神秘面纱（图2-3）。1981年，布尔吉斯生物群发现地被联合国教科文组织批准为世界文化遗产遗址，成为全世界古生物学者关注的圣地。

▲ 图2-3 布尔吉斯生物群想象图

1.皮拉尼海绵；2.沃克西海绵；3.瓦普凯亚海绵；4.埃谢栉蚕；5.怪诞虫；6.奇虾；7.莱格尼亚奇虾；8.马尔三叶形虫；9.奥代雷虫；10.拟油栉虫；11.多须虫；12.萨诺虫；13.奥托虫；14.加拿大虫；15.皮卡鱼；16.阿米斯克毛颚虫；17.足杯虫；18.迷齿虫；19.纳罗虫；20.欧巴宾海蝎；21.威瓦克西亚虫。

该生物群主要是由软躯体生物化石组成，如多孔动物门、腔肠动物门、栉水母动物门、腕足动物门、软体动物门、软舌螺动物门、节肢动物门、棘皮动物门和脊索动物门等，约158属172种，代表了17个门类生物，其中节肢动物是优势种群，而三叶虫群落数量占整个节肢动物门类的40%。

布尔吉斯生物群并不是只分布于加拿大地区，自20世纪80年代以来，在全球范围内总共发现了超过30个布尔吉斯型生物产地，主要分布在北美洲、中国、澳大利亚、西伯利亚、格陵兰岛等地。在我国发现的布尔吉斯型生物群，有安徽荷塘海绵生物群、贵州牛蹄塘组生物群、八郎生物群和凯里生物群，云南关山生物群等。国外地区分布布尔吉斯生物群重要产地的有格陵兰早寒武世的 Sirius Passet 生物群、澳大利亚早寒武世的 BigGully 生物群、美国犹他州中寒武世的 Spence 化石生物群以及西伯利亚的 Sinsk 生物群。因为这些生物群常呈软躯体状态，保存于页岩中，所以将它们统称为布尔吉斯生物群，这些生物化石都为寒武纪生命大爆发提供了重要证据。

凯里生物群

由赵元龙教授于1982年在贵州省凯里市剑河县革东镇八郎村所发现，时代属第2寒武世早期，为距今约5.2亿年前的海洋生物群落。剑河八郎生物群含10个大门类120多个属动物化石、40个属藻类化石及大量遗迹化石，包括节肢动物、水母状动物、棘皮动物、腕足动物、宏观藻类、疑源类、多孔动物、腔肠动物、蠕形动物、多腿缓步类动物、软舌螺动物等，以及分类位置未定的化石类别，其核心组成为非三叶虫节肢动物、水母状动物及棘皮动物等。除了剑河八郎地区分布外，丹寨南皋和镇远竹坪也有凯里生物群分布，但研究程度较低，仅处于初步研究阶段。其中，丹寨南皋地区的凯里生物群发现有5个大门类，含19属动物化石和2属藻类；竹坪地区的凯里生物群已发现9大门类，共21属动物化石，含有部分遗迹化石（表2-1）。总之，上述三个地区分布的凯里生物群动物化石属种和数量都以节肢动物为主，属优势种群；其次为腕足动物、软体动物；以卢氏中国始海百合为主的棘皮动物作为凯里生物群的特征生物，在三大产地均有发现。凯里生物群分

表2-1　　　　　　　　　贵州省凯里生物群动物化石组合对比表　　　　　　　　（单位：属）

产地	海绵动物	腔肠动物	蠕形动物	叶足动物	腕足动物	软体动物	水母状动物	节肢动物	棘皮动物	其他	总计
剑河八郎	9	4	7	1	11	7	1	68	7	6	121
丹寨南皋	0	0	1	0	4	2	0	11	2	0	20
镇远竹坪	1	1	1	0	3	3	1	10	3	1	24

布地质年代处于澄江生物群和布尔吉斯生物群之间，构成世界三大页岩型生物群，在生物演化上起着承前启后的作用，为生命起源与演化、寒武纪生命大爆发等的研究提供了重要依据。

寒武纪生命大爆发的原因

自布尔吉斯生物群、澄江动物群和凯里生物群被发现以来，一个疑团在人们的脑海中产生了，即为什么寒武纪早期生物界群落种类和数量会在那么短的时间里发生如此大的增加？于是，地质学家开始从生存环境、有性生殖和生态方面来探索其中的奥秘。

生存环境

这是寒武纪生命大爆发的诱因。到新元古代，全球形成了5个巨型古陆，地下高热物质的喷溢减少，海洋中藻类植物大量繁殖，使大气中的氧气含量逐渐增加，初步奠定了无脊椎动物生长和繁衍的生态条件。从纽芬兰世开始，全球大多数古陆广泛被海水淹没，形成了分布范围广泛的浅海环境，此时的浅海中氧气和光照充足，营养物质丰富，给寒武纪生命大爆发提供了充足的条件。而海洋中不同深度的适宜环境创造了生态条件的多样化，给无脊椎动物的生存、繁衍提供了更广阔的空间。

有性生殖

有性生殖是寒武纪生命大爆发的潜在因素。研究表明，在燕山地区保存的17亿年前的长城系地层中发现有分化的生殖器官化石，据古生物学家分析，生物通过有性生殖增加了物种内不同优质遗传基因重组的几率，增强了后代适应自然环境的能力，同时，还能够促进有利基因突变在种群中的传递。如果在无性生殖的种群内发生，这两个突变体必将竞争，无法同时保留这两个有利的基因突变，但在有性生殖的种群内，通过生物交配和基因重组，可以使有利的基因突变同时进入个体的基因组中，从而加速了自然界生物群落的演化速度。在燕山地区长城系地层中发现有分化的生殖器官（距今约17亿年前），说明在这之前近29亿年的时间里，以无性生殖方式繁衍的生物群演化几乎处于停滞状态。到寒武纪生命大爆发前夕（距今约5.3亿年前），虽然生物群以有性生殖方式繁衍所经历的时间不到12亿年（指以发现生殖器官化石17亿年前为起点到寒武纪生命大爆发前夕这段时间），但是，地球生物群落演化速度提升了近2.5倍。

生态系统的复杂化

生态系统的复杂化是产生物种多样性的基础。美国生态学家斯坦利（S.M. Stanley）提出了"收割理论"，认为捕食者型生物的出现，避免了单一或少数几种生物在生态系统中占绝对优势的局面，为其他物种的生存与发展创造了空间。斯坦利认为，在前寒武纪约25亿年的时间里，海洋生态系统的初级生产者以原核蓝藻为主，该生物系统在生态学上属于单一不变的群落，营养级也是简单唯一的。由于生存空间被种类少但数量大的生物群落顽强地占据着，导致生物进化速度非常缓慢。捕食者型生物出现后，大量食用原核蓝藻，改变了原有的生态系统结构，为其他生物创造了生存空间，增强了生态系统的生物多样性。同时，初级生产者多样性的增加又促进捕食者型生物多样性的增加。

营养级金字塔按两个方向迅速发展：较低层次的生产者增加了许多新物种，丰富了物种多样性；在顶端又增加了新的"捕食者"，丰富了营养级的多样性，从而不断丰富整个生态系统的生物群落，最终导致了寒武纪生命大爆发的产生。

寒武纪时期的海洋世界

寒武纪时期，地球上各古大陆孤立地分布在低纬度地区。随着全球气候变暖、海平面上升，除了北美古大陆东北部和冈瓦纳古大陆中部以外，其他古大陆地区都被海水所淹没，形成了广阔的浅海环境（图2-4）。

▲ 图2-4　寒武纪时期的海洋世界想象图

寒武纪的海洋生物以无脊椎动物和藻类为主，无脊椎动物包括节肢动物、棘皮动物、软体动物、腕足动物、笔石动物等，其中节肢动物门中的三叶虫纲最为重要。重要代表有见于云南澄江生物群中的华夏鳗、云南鱼、海口鱼等和加拿大布尔吉斯生物群的皮开虫。在寒武纪初期，出现了腹足类、单板类、喙壳类和分类未定的个体微小、低等的软体动物。在三叶虫横空出世的过程中，没有遇到有力的竞争对手，而其他动物则为三叶虫提供了丰富的食物，使得三叶虫在很短的时间内迅速占领地盘，成为寒武纪海洋王国中的霸主，使寒武纪成为"三叶虫时代"。

此外，科学家们通过复原三叶虫的生存环境表明，三叶虫具有灵活多变的生活方式（图2-5），如有些种类的三叶虫适于游泳，有些种类可在水面上漂浮，有些则在海底爬行，还有些习惯于钻在泥沙中生活，这些多样的生活方式使三叶虫成为寒武纪的宠儿。

——地学知识窗——

无脊椎动物

无脊椎动物是指背侧没有脊柱的动物，是较原始的种类。其种类数占动物总种类的95%，包括棘皮动物、软体动物、扁形动物、节肢动物等。

▲ 图2-5　三叶虫灵活多变的生活方式
上图：三叶虫呈漂浮、游泳状态；下图：三叶虫呈底栖爬行状态。

Part 3 走进三叶虫王国

从三叶虫的形态结构、个体发育过程、不同地质时期演化特征以及三叶虫的

分类等几个方面，全方位了解三叶虫的真面目。

三叶虫名称的由来

我国最早关于三叶虫的记录是《石雅》中所提到的"蝙蝠石"，在明朝崇祯年间发现于泰安大汶口，其外形容貌似蝙蝠展翅，故被命名为"蝙蝠石"。国外的最早记录可以追溯到1698年，鲁德将一头部长有三个圆瘤的化石命名为"三瘤虫"。1771年，地质学家瓦尔根据该类化石的形态特征，即身体从纵、横两方面来看都可以分成三部分：纵向上分为头部、胸部和尾部；横向上分为中轴及其两肋侧叶，故给出了一个形象的名称——"三叶虫"（图3-1）。

---地学知识窗---

三 叶 虫

三叶虫指的是三叶虫纲的动物，三叶虫纲属于动物界节肢动物门，现已经灭绝。由于能以化石保存下来的硬体背甲无论是纵向还是横向都可三分，横向上可分为中轴、左肋叶和右肋叶，纵向上可分为头甲、胸甲、尾甲，故得名三叶虫。

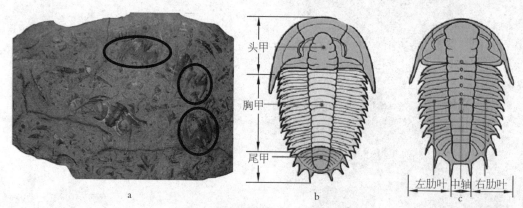

▲ 图3-1　"蝙蝠石"和三叶虫结构

a. "蝙蝠石"（图中圆圈标记）；b. 三叶虫纵向结构示意图；c. 三叶虫横向结构示意图。

三叶虫的结构

三叶虫软体部分位于腹部，由分节的躯体和若干附肢构成，背面披有背甲。三叶虫形成化石的主要部分为其背甲，其外形多为卵形或椭圆形，个体一般长3~10 cm，宽1~3 cm。从横向上看，三叶虫的背部外壳可分为三部分：从三叶虫前端到后端的中间部分称为轴部（或中轴），左边和右边两部分称为肋叶或肋部。从纵向看背壳可分为三部分：前部硬体称为头甲，后部硬体称为尾甲（或尾板），背壳剩余部分称为胸甲。

头甲

是分类和属种划分的主要依据，多呈椭圆形。头甲各部位的结构有头盖、活动颊、头鞍、眼脊、颈刺、边缘沟、后侧翼、固定颊、面线等（图3-2）。

头鞍 是头甲中间的隆起部分，两侧为背沟所限，其形状多样，有两侧平行的，有向前收缩的，也有向前扩大的，其向上隆起的程度也各异，一般适度上凸或平缓。头鞍上多数具头鞍沟，成对出现，呈凹坑状，由头鞍两侧向中间后斜伸。在不同的三叶虫属种中，头鞍沟对数是不一样的。

头盖 三叶虫的颊部面线之间的区域称为头盖，两侧部分称为活动颊。在面线内侧的头盖外缘有一对半圆形隆起部分称为眼叶。眼叶与头鞍之间的范围称为固定颊。头部后缘与后侧缘夹角为颊角，颊角伸长成刺称颊刺。

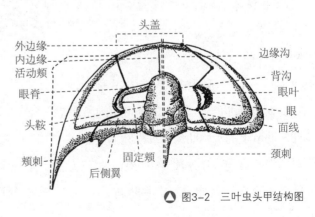

▲图3-2 三叶虫头甲结构图

外边缘
内边缘
活动颊
眼脊
头鞍
颊刺
头盖
后侧翼
固定颊
边缘沟
背沟
眼叶
眼
面线
颈刺

面线　是三叶虫头甲上通过眼叶并分别向前后延伸至边缘的两条缝合线（图3-3）。面线将头甲分为中间的头盖和左右两侧的一对活动颊。眼叶之前的部分为面线前支，之后的为面线后支。面线有四种类型：（1）后颊类面线：面线后支切于头甲后边缘；（2）前颊类面线：面线后支切于头甲侧边缘；（3）角颊类面线：面线后支切于头甲的颊角；（4）边缘式面线：面线切于头甲的腹边缘，也称无面线类。

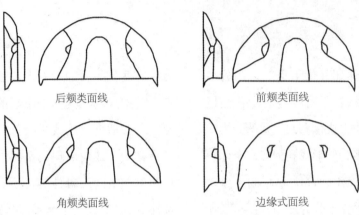

后颊类面线　　　　　　前颊类面线

角颊类面线　　　　　　边缘式面线

▲ 图3-3　三叶虫面线类型

胸甲

胸甲是连接三叶虫头甲和尾甲的部分，由许多形状相似的胸节组成。这些胸节相互衔接，三叶虫身体靠胸节可以进行蜷起或伸展活动。胸甲由肋节、肋沟、间肋沟、肋刺和轴节等组成（图3-4）。胸甲中间隆起部分称为轴叶，两侧为肋叶。各肋节为间肋沟所隔开。肋节上的沟称肋沟。每一胸节上有一对背沟，将胸节分为轴节和两侧的肋节。肋节末端向后延伸成刺状称肋刺。

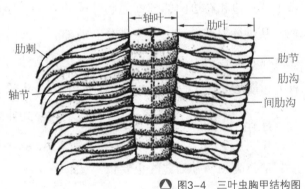

▲ 图3-4　三叶虫胸甲结构图

尾甲

尾甲多呈半圆形或近三角形，由若干体节组合而成。尾甲的中央部分为轴叶，两侧肋部为肋叶。肋叶由多个被间肋沟隔开的肋节构成，其上是肋沟。相对肋沟而言，间肋沟深而宽、边缘宽窄不一，有时具有各种尾刺。根据和肋节的关系以及所处位置，可将尾刺分为前肋刺、侧刺、末刺和次生刺（图3-5）。

尾甲和头甲的比例关系是对三叶虫

尾甲类型判别的另一重要依据。根据二者大小关系，可将尾甲分为四类：（1）小尾型，尾甲极小；（2）异尾型，尾甲小于头；（3）等尾型，尾甲与头甲大致相等；（4）大尾型，尾甲大于头甲。

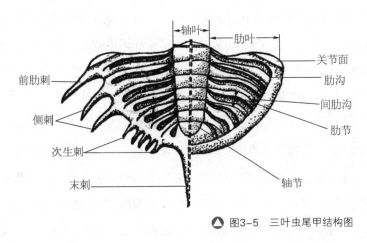

△ 图3-5　三叶虫尾甲结构图

三叶虫的个体发育

三叶虫为卵生动物，其个体发育是指虫体由卵孵化之后，从具备有硬壳的幼虫开始，发育到成虫的整个过程。其个体形态在发育过程中会发生明显的变化，经过一次次反复性脱壳，三叶虫

个体会逐渐长大。三叶虫器官如消化系统、肌肉组织难以保存下来，而保留下来的三叶虫化石主要是由脱落的硬壳石化而成。虽然普遍认为三叶虫为卵生，但至今为止仍未找到可信的卵生化石证据，因

此，三叶虫的个体发育主要针对胚后发育，其个体发育过程可大致分为三个阶段，即幼虫期、分节期和成虫期。

幼虫期发育特点

从三叶虫个体发育开始，到形成一个完整的背壳，该阶段被称为幼虫期。幼虫期虫体的形状一般为圆形、亚圆形或次球状，头部和尾部没有明显分节，还未发育出胸节，个体大小一般在0.2~1.0 mm之间。

根据背壳形态以及体节的数量，幼虫期可再分为两个亚期，即幼虫期早期和晚期。在幼虫期早期，它的中轴一般至多分为6节，一般前3~4节属于头鞍部分，第4或第5节将会在之后的阶段发育成颈环，而最后1节多属于尾部。幼虫期晚期是以背壳中后部、颈环两侧浅沟的出现为标志，此浅沟将整个虫体分为原始头部和原始尾部。一般来说，原始头部具有4个体节的幼虫多为古盘虫类三叶虫，原始头部具有5个体节的幼虫常见于多节类三叶虫，如小油梓虫类三叶虫、镜眼虫类三叶虫等。原始尾部的体节可随着虫体的不断脱壳和生长而增加，一般会增长至2~4节后进入分节期。在三叶虫个体发育过程中，虽然头部形态变化很大，但一般认为

其体节的数量始终保持稳定。而与之相反的则是躯干体在节数量和形态上的多变性，但总体而言，三叶虫虫体的形态在各个发育阶段大致相似。

分节期发育特点

分节期是指从背壳首次出现分节、头甲和尾甲明显分离开始，到胸节数目比成虫期少一个胸节为止，因此可根据胸节的多少，将分节期划分为若干阶段。当头部和尾部第一次可以明显地分离开且尚未出现胸节时，称为分节期0期；出现第一个胸节为分节期1期；出现第二个胸节为分节期2期，依此类推。在分节期，头部和尾部各种器官的形态向成虫期方向变化，逐步发育成成年个体。

成虫期发育特点

三叶虫成虫期是根据胸节数目而定，一般认为当胸节数目不再增加时即进入成虫期，被认为是三叶虫个体发育的性成熟期。这包括从胸节数目达到不能再增加，直至死亡的整个时期。在此时期，随着不断脱壳和生长，虫体仍然可以继续增大，局部器官仍然会发生变化，壳体上的附加物如刺、瘤等其他纹饰也可以继续生长发育。

三叶虫的演化

于前寒武纪时期生物个体没有硬壳，所以难以以化石形式保存下来，三叶虫的祖先也许在前寒武纪时期即已存在。根据现有地层中保存的三叶虫化石特征推断，三叶虫的演化经历了寒武纪早期的出现、寒武纪—奥陶纪的繁荣发展和二叠纪末期的全部灭绝，共持续了约3亿年。在整个演化过程中，不同阶段具有不同的特征（表3-1）。

表3-1　　　　　　　　　　　　三叶虫纲的目级分类表

目名称	结构特征	分布时代	化石图片
镜眼虫目	头鞍形状不一，多向前扩张或收缩；内边缘狭或缺失；面线多为前颊类或角颊类；胸部8~19节；尾部大或中等	早奥陶世—晚泥盆世	
裂肋虫目	头鞍宽伸至前边缘；头鞍沟引长成纵沟，鞍叶与颈环可融合；后颊类面线；胸节较多；尾部大	早奥陶世—晚泥盆世	
齿肋虫目	头鞍后部最宽，颈环具颈刺或瘤，眼叶位于中部；活动颊边缘有一列短刺，后颊类面线；胸部8~10节；尾部短，近三角形	中寒武世—晚泥盆世	
球接子目	头与尾大小相等；大多数无眼叶及面线；胸部有2~3节	早寒武世—晚奥陶世	
莱得利基虫目	头部半圆形，头鞍沟发育，眼叶呈新月形，后颊类面线或面线融合；胸节多；尾部小	早—中寒武世	

（续表）

目名称	结构特征	分布时代	化石图片
耸棒头虫目	头鞍长，两侧平行，内边缘不发育，后颊类面线；胸部5~11节；中至大尾型，多具边缘刺	寒武纪	
褶颊虫目	头鞍一般向前收缩，头鞍沟形状不一；多具内边缘；大多为后颊类面线，少数为前颊类面线；胸节多；尾部小	早寒武世—晚二叠世	

三叶虫的出现

在寒武纪早期，三叶虫分为球接子目、莱得利基虫目、耸棒头虫目和褶颊虫目四个目，到晚期又出现了齿肋虫目，其中以莱得利基虫数量最多。其总体特征为：头大，尾小，胸节多，鞍沟显著，胸节肋刺发育。

三叶虫的繁盛

到寒武世中期，褶颊虫目占统治地位，此外，球接子目在许多地区也有大量出现。此时期的三叶虫特征为：尾甲加大，胸节数减少，头鞍较短，如拟小阿贝德虫、始莱得利基虫、莱得利基虫、古油栉虫等，还有小型浮游的盘虫类，如湖北盘虫。

在早奥陶世时期，三叶虫群既延续了寒武纪晚期的特征，在身体结构上保留了颊刺及两个尾刺，如指纹头虫、小栉虫和后油栉虫等，同时也发生了一些变化，主要表现在寒武纪时期繁盛一时的莱得利基虫目和耸棒头虫目相继绝灭，三叶虫栉虫亚目、斜视虫亚目、镰虫亚目、三瘤虫亚目等开始大量繁殖。这一时期三叶虫特点为：尾甲较大，多为等尾型，胸节数目减少，头鞍向前扩大。中晚奥陶世具代表性的三叶虫有南京三瘤虫和小达尔曼虫等，而球接子目、褶颊虫目相继灭绝，裂肋虫目、齿肋虫目数量达到巅峰。

三叶虫的灭绝

到志留纪时期，球接子目灭绝，其他各目种群数量和种类急剧减少。至石炭—二叠纪时，仅剩下褶颊虫目中的几个科；到二叠纪末期，三叶虫全部灭绝。

三叶虫的分类

三叶虫的分类主要是依据其硬壳的结构特征来划分的，主要划分依据有：（1）头鞍形状、大小、凸度；（2）头鞍沟数量、深浅；（3）内、外边缘发育程度；（4）眼叶大小、形状和位置；（5）固定颊宽度；（6）面线类型；（7）尾甲分节数量及各种沟的深浅；（8）尾边缘和尾刺的有无及特征。

依据上述原则，1959年哈林顿（Harrington）将三叶虫纲分为7个目，即球接子目、莱得利基虫目、耸棒虫目、褶颊虫目、镜眼虫目、裂肋虫目和齿肋虫目。

球接子目

球接子目出现于寒武纪早期，于寒武纪中期开始兴盛，至晚奥陶世末期灭绝。个体长度在6 mm左右，其显著特征为头甲和尾甲大致等大，胸甲部位一般只有2~3节胸节。除少数属如佩奇三叶虫之外，球接子目没有眼叶和面线（图3-6）。

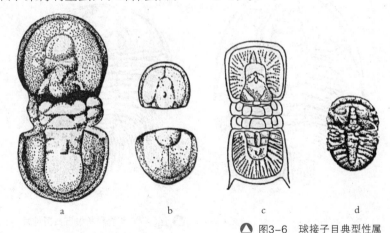

a   b   c   d

▲ 图3-6　球接子目典型性属

a. 球接子背壳；b. 假球接子，上为头部，下为尾部；c. 皱面球接子，背壳；
d. 遵义盘三叶虫，背壳。

该目可细分为球接子亚目（Agnostina）和古盘虫亚目（Eodiscina）两个亚目，常见属有球接子属、假球接子属、皱面球接子属和遵义盘三叶虫属4个属，在山东地区代表性的属还有中华佩奇虫。

莱得利基虫目

莱得利基虫目是三叶虫纲中分布时代最早的一类，其名称来自研究此类三叶虫化石的英国古生物学家莱得利基。莱得利基虫目可细分为小油栉虫亚目（Olenellina）和莱得利基虫亚目（Redlichiina），典型特征为头甲大、呈半圆形，具较长的颊刺，头鞍分节明显、胸节多，尾部小或发育不全。生活于寒武纪早期至寒武纪中期，在我国及世界上其他地区广泛分布，山东地区常见的有莱得利基虫、小古油栉虫（图3-7）。

耸棒头虫目

分布于寒武纪，头甲呈半圆形，颊刺发育，头鞍长，两侧近平行，眼叶长而狭。胸甲由5~11节胸节组成，肋沟及肋刺较发育。尾甲大小为中型至大型，常具边缘刺。山东地区典型代表为双耳虫和叉尾虫。

褶颊虫目

分布于寒武纪初至二叠纪。头鞍一般向前收缩，头鞍沟形状不一，具胸大尾小的特征。褶颊虫目是三叶虫最大的一个目，在山东地区分布最广泛，可细分为

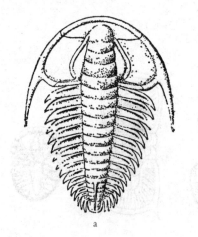 

a   b

▲ 图3-7 莱得利基虫目典型性属

a. 小古油栉虫，背壳；b. 莱得利基虫，背壳。

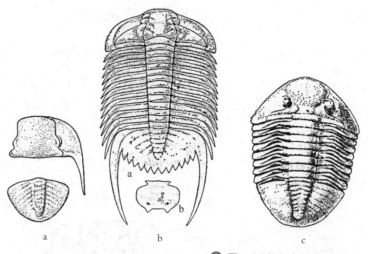

△ 图3-8 褶颊虫目典型性属

a. 济南虫属三叶虫，上为头部，下为尾部；b. 蝙蝠虫属三叶虫，背壳；c. 油栉虫属三甲虫，背壳。

5个亚目：褶颊虫亚目、栉虫亚目、斜视虫亚目、镰虫亚目和三瘤虫亚目。代表性的属有济南虫属、蝙蝠虫属、油栉虫属等（图3-8）。

镜眼虫目

头鞍形状是变化的，除少数属之外，一般头鞍呈向前膨大至球状，其面线类型大部分为前颊类。胸甲由8~19胸节组成，尾甲形态为中等大小。镜眼虫目生活于早奥陶世至晚泥盆世。镜眼三叶虫目分为镜眼三叶虫亚目、隐头三叶虫亚目、手尾三叶虫亚目3个亚目。典型的属有镜眼虫属、小达尔曼虫属、王冠虫属等（图3-9）。

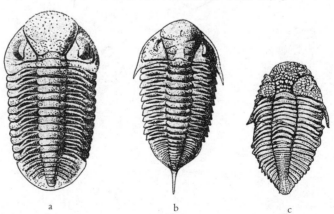

△ 图3-9 镜眼三叶虫目典型性代表属

a. 镜眼虫属三叶虫，背壳；b. 小达尔曼虫属三叶虫，背壳；c. 王冠虫属三叶虫，背壳。

裂肋虫目

头鞍宽，面线类型呈后颊类，肋部较平，具3对呈叶状的肋节或肋节上刺，尾部大。壳面常具有大小不同的斑点。裂肋虫目为其代表性的三叶虫属，生活于晚奥陶世至中志留世期间［图3-10（a）］。

齿肋虫目

头鞍在颈环处扩大，两侧平行或向前收缩，颈环具粗强颈刺或刺瘤。胸甲由8~10个胸节组成，尾甲短。齿肋虫目生活于寒武纪中期至晚泥盆世，狮头虫是其典型性的属［图3-10（b）］。

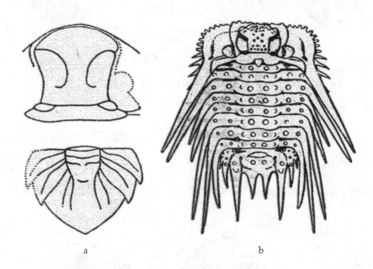

a   b

▲ 3-10 裂肋虫目、齿肋虫目典型性属
a.裂肋虫，上为头部，下为尾部；b.狮头虫，背壳。

Part 4 揭秘三叶虫化石

通过了解三叶虫化石的形成、掌握野外采集化石的方法以及通过分析化石标本的特征鉴定三叶虫化石，揭秘三叶虫化石。

三叶虫化石的形成

当生活于海洋中的三叶虫个体死亡后，其遗体的坚硬部位或生活时遗留下来的痕迹被周围的沉积物掩埋，与空气隔绝避免被氧化。伴随着后期的石化作用，这些保存于岩层中的少数三叶虫遗体有机会能成为三叶虫化石。当发生地壳运动导致地层隆起，风化剥蚀岩层，使得保存在地层中的三叶虫化石出露到地表（图4-1）。通过开展野外工作，古生物学家采集暴露在地表上的三叶虫化石，就可以研究三叶虫生活的古环境、生物演化及发展过程等方面的内容。

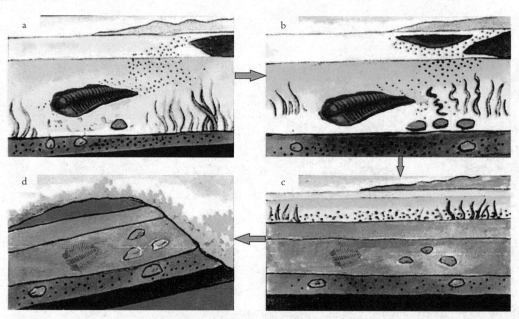

▲ 图4-1　三叶虫化石形成过程示意图
a.三叶虫生活场景；b.三叶虫死亡；c.三叶虫遗体被掩埋并逐渐石化；d.化石出露地表。

三叶虫遗体被掩埋后，经历复杂的石化作用形成化石，但并不是所有的遗体都可以形成三叶虫化石，形成条件包括三叶虫个体数量、有生物硬体组构和有利的生物遗体的掩埋环境。

寒武纪时期的海洋中生活有大量的三叶虫，这是能形成三叶虫化石的重要条件，但是死亡后的三叶虫遗体只有少数能被保存下来形成化石。据估计三叶虫个体死亡以后，可能被保存下来形成三叶虫化石的几率只有万分之一。

当三叶虫生物个体被掩埋，其有机质成分和软组织会被分解而腐烂，难以保存下来，只有三叶虫背甲能保留下来，在石化过程中形成三叶虫化石。不过在特殊的地理环境中，当三叶虫遗体被细碎屑沉积物迅速掩埋时，其软体部分也会形成化石，如云南澄江动物群中三叶虫的眼睛、肠胃等软体组织较完好地保存了下来，再现了5.3亿年前三叶虫的结构特征。

掩埋三叶虫的遗体环境也是能否形成三叶虫化石的重要因素。当三叶虫死亡之后，若能被迅速埋藏，形成相对还原环境，保存下来的三叶虫遗体形成化石的几

——地学知识窗——

三叶虫化石

广义上的三叶虫化石包含三叶虫实体化石和遗迹化石。三叶虫实体化石是指由三叶虫遗体经石化作用而成的化石；遗迹化石指三叶虫遗留在沉积物表面或沉积物内部的各种生命活动的形迹构造形成的化石，包括足迹、潜穴、钻孔等。

率会较大；反之，在波浪作用强烈的水域环境下，不利于保存三叶虫遗体和遗迹。此外，在酸性环境或氧化条件下，由碳酸钙组成的生物硬体容易受到溶蚀，故也不利于三叶虫遗体的保存。不仅如此，掩盖三叶虫遗体的覆盖物也会对化石形成产生一定影响，当被颗粒较大的沉积物掩盖时，由于颗粒间的滚动摩擦作用及透气性使得三叶虫遗体易遭受破坏，难以保存下来成为化石。而碳酸盐、泥质、粉沙质沉积物，其颗粒细、密封性好，是保存三叶虫遗体较理想的覆盖物，并有利于形成三叶虫化石。

三叶虫化石的采集和鉴定

野外采集三叶虫化石应注意其分布的地质时代特征，不同三叶虫目化石的分布具有时代专属性。例如，莱得利基虫只生活于寒武纪早、中期，因此，在寒武纪地层中、下部寻找到莱得利基虫化石的可能性会更大些，而在其他地质时代形成的地层中则是不可能找到的。总体而言，我国三叶虫化石主要分布于寒武纪、奥陶纪，因此，只有在该地质时期形成的岩层中才能寻找到三叶虫化石，其他地层中则不能。此外，还应考虑保存三叶虫化石的岩性特征，在碳酸盐岩、泥岩中采集到三叶虫化石的可能性更大些。

通常，地质锤、GPS、放大镜、照相机等是采集三叶虫化石必不可少的设备（图4-2）。采集三叶虫化石标本时，样品规格以有利保存化石的完整性、便

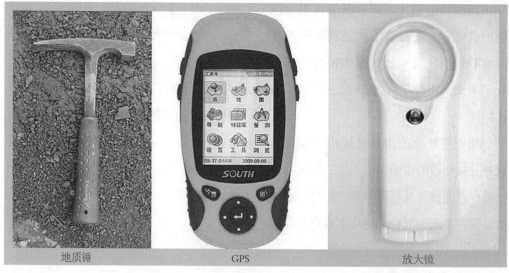

| 地质锤 | GPS | 放大镜 |

▲ 图4-2　野外工作工具

于观察和携带为原则；当发现三叶虫化石时，按表4-1的要求，填好产地、岩性组、产地GPS坐标信息等，用相机拍照并做好对三叶虫化石标本的野外描述，以方便将来进一步研究。

野外采集三叶虫化石的流程（图4-3）包括野外观察、化石采集、标本登记等步骤。先详细观察野外岩性：由于保存下来的三叶虫化石数量有限，需要仔细

观察岩层才有可能发现三叶虫化石。当见有三叶虫化石时，用地质锤敲打岩块，将其表面所附岩石剥离进行修理。在放大镜下，可用尖针或小刀先在外围进行修理，用尖针挑剔附着的岩石，避免用力过猛，伤及虫体。采集标本后，用软纸包裹标本，防止样品之间的磨损，并用记号笔标注样品编号。最后在记录本上详细记录采集点信息。对于个体微小的三叶虫化石，

表4-1　　　　　　　　　　野外采集三叶虫化石登记样表

日期	×年×月×日	地质时代	中寒武世
产地	济南·张夏	岩性组	张夏组
化石编号	ZX-B01	GPS坐标	116° 54′ 26″；36° 31′ 32″
野外定名	莱得利基虫	采集人	李××
标本描述	化石保存不完整，多为头部。头鞍呈锥形、狭而长，头鞍沟具3对。眼叶长大，作弯弓状，末端与头鞍相连。面线前支横向水平伸出，与头鞍中线成90°的交角		

▲ 图4-3　野外采集三叶虫化石方法

还要先经过酸处理，去除三叶虫化石表面压盖的石灰岩，然后进行观察鉴定。

关于三叶虫化石鉴定，要注意以下方法和要点：

化石鉴定首先要进行化石标本描述，然后遵循系统分类法进行鉴定。鉴定三叶虫化石的总体思路是先确定目、科大类；再定属、种名称；采用对比法，将鉴定的标本和已经命名的三叶虫化石进行对比，建立完整的目、科、属、种四个级别的名称。多数情况下三叶虫标本都不是完整的，或多或少存在残缺和破损现象，很多个体特征无法完全展现出来，因此不能带有主观臆断，要根据标本特征进行实事求是的分析判断。同时，要尽可能地多观察同类标本，避免造成因同类个体间的差异而误判为不同属种的错误。同鉴定其他类古生物化石一样，鉴定三叶虫化石要充分利用文献资料和工具书，查阅众多已发表的相关研究成果，与已命名的化石进行比较，在此基础上进行归类，鉴定属种或命名新的属种。常见专业期刊有《微体古生物学报》《地层学杂志》等古生物方面的权威杂志，借助《Trilobite Record of China》《滇东南寒武纪地层及三叶虫动物群》《山东及邻区张夏组（寒武系第三统）三叶虫动物群》书籍，可以查阅不同地区三叶虫的重点分布特征（**图4-4**）。

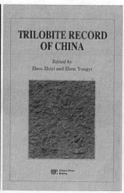

▲ 图4-4　三叶虫化石相关期刊和书籍

Part 5 概览中外三叶虫化石

描述三叶虫在世界范围、中国区域和山东地区三个不同地理范围内的分布特征，全方位了解在相应地区的三叶虫种类和数量以及研究历史等信息。

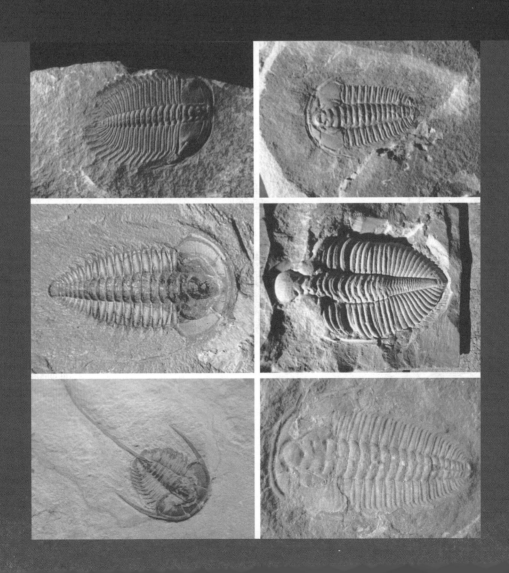

世界的三叶虫化石

据三叶虫化石的分布情况，大概可将全世界划分为三个生物区：亚澳太平洋区、欧美大西洋区和混生区（图5-1）。其中，亚澳太平洋区和欧美大西洋区两地区分布的三叶虫群落组成差异非常明显。亚澳太平洋区的三叶虫动物群主要分布在浅海地台区，生存环境较为温暖，以莱得利基虫、库庭虫和褶盾虫为代表，其范围包含东亚、南亚、东南亚、西亚南部、大洋洲和南极洲地区。寒武纪早期，该区三叶虫以莱得利基虫目为主；中期的三叶虫则以褶颊虫目为主，包括褶颊虫

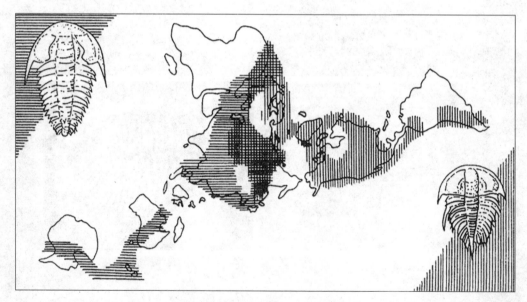

▲ 图5-1 世界三叶虫化石分区图

注：横线——亚澳太平洋区（东方区）；竖线——欧美大西洋区（西方区）；十字线——混生区。

科、裂头虫科、鄂尔多斯虫科、野营虫科和原附栉虫科等11科的三叶虫群属；到寒武纪晚期，三叶虫以褶颊虫目的嵩里山科及索克虫科为主。欧美大西洋区的三叶虫是深水型动物群，包括北欧、东欧、西伯利亚、阿尔泰、萨彦地区及南美洲和北美洲地区等。寒武纪早期，该区域内以小油栉虫亚目占主体；中期则多为奇异虫超科三叶虫群属；到寒武纪晚期则是以小油栉虫科三叶虫群属为主。

我国的三叶虫化石

三叶虫化石在我国分布广泛，研究历史悠久。自20世纪初，一些国外古生物学家便来到中国，研究不同时期分布的三叶虫化石（图5-2）。

寒武纪时期三叶虫化石分布

由于三叶虫只生存于海洋中，所以三叶虫化石分布情况与古海洋分布范围密切相关。寒武纪时期，我国海洋覆盖范围变化较大。寒武纪早期，我国海侵主要发生于三个地质时期。第一期（*梅树村—筇竹寺期*）：是以西南地区为中心，逐步向秦岭和雪峰山一带扩大，并可能通过天山、喜马拉雅山，然后进入古地中海到达北非。该时期重要的三叶虫化石产地位于云南昆明，并有该期典型的地层剖面。在此时间内出现的三叶虫主要以莱得利基虫和云南头虫为主；第二期（*沧浪铺期*）：海侵范围继续扩大，覆盖到秦岭腹地、淮南、华北和东北南部等地区，此时三叶虫的主要类型为原油栉虫、莱得利基虫、椭圆头虫等，此外，还有掘头虫、褶颊虫；第三期（*龙王庙期*）：这时期是寒武纪早期海侵范围最大时期，华南大部分地区、华北、东北南部、鄂尔多斯和西藏等处都被海水侵入，这时期的三叶虫群主要是莱

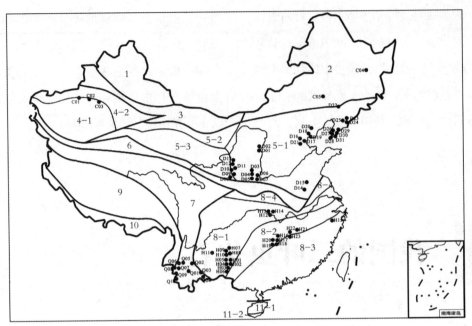

图5-2　中国寒武纪重要三叶虫化石产地分区图

1.北疆区；2.兴安区；3.中天山-北山区；4.塔里木区：4-1.巴楚-柯坪小区；4-2.南天山小区；5.华北区：5-1.黄河小区，5-2.敦煌-阿拉善小区，5-3.柴达木-祁连小区；6.昆仑-秦岭区；7.羌北-思茅区；8.华南区：8-1.扬子小区，8-2.江南小区，8-3.华夏或珠江小区，8-4.江北小区；9.保山-藏北区；10.藏南区；11.海南区：11-1.五指山小区，11-2.三亚小区。

得利基虫后期的一些属种，如华北和东北南部常见的三叶虫主要为莱得利基虫和褶颊虫。同时，该阶段形成的三叶虫化石在地理分布上具有明显的区域性特征，如掘头虫在东南地区繁盛，而在华中和东北地区却极少出现。

寒武纪中期分布的三叶虫以褶颊虫目为主，常见的有山东盾壳虫、德氏虫。根据三叶虫化石组合特征来看，寒武纪中期的三叶虫群体可较明显地分为华北类型和华南类型。华北类型三叶虫组合中常见

——地学知识窗——

海　侵

海侵（又称海进），是描述海平面深度相对变化的地质术语，指在相对短的地史时期内，因海面上升或陆地下降，造成海水对陆地地区侵进的地质现象。一般由气候变暖，导致冰川融化、海面上升，或者是构造运动，使得陆地相对于海平面下降，造成海侵现象。

46

有裂头虫和野营虫，而华南类型中则大量出现球接子目三叶虫化石，两种类型三叶虫化石组合中共性分子不多。西北大部分地区的三叶虫群与华南类型相似。

进入寒武纪晚期以后，北方地区分布的三叶虫几乎全为亚澳太平洋类型动物群，主要类型有孟克虫、双刺头虫等。华南和西北地区分布的三叶虫类型较为复杂，除了一般球接子目三叶虫外，浙西、皖南、黔东等地三叶虫群体大部分属于欧美大西洋类型，如刺尾虫和栉虫等。在滇西、川北等处则有华北类型三叶虫的存在，几乎不见刺尾虫。

根据三叶虫化石的分布特征，可将我国寒武纪三叶虫化石分布区划分为华北地区、西南地区、华南地区和其他地区。

华北地区三叶虫化石分布

大体上可将北至大青山、西至六盘山、南至大别山的区域划归为华北地区。区域内三叶虫化石主要分布在陕西、安徽、河北、吉林、辽宁、山东等省（表5-1）。

表5-1 华北地区内寒武纪三叶虫化石典型产地

产地编号	省份	分布产地名称
D01	陕西	韩城市下禹口地区燎原煤矿北侧秃山剖面
D02		韩城市下禹口地区上白矾村北上白矾剖面
D03		商洛市山阳县银花镇五色沟
D04		商洛市山阳县中村烟家沟
D05		商洛市山阳县中村金狮剑沟
D06		商洛市商南县湘河流域
D07		商洛市商南县岳佳镇安东川街
D08		汉中市宁强县赵家坝剖面
D09		汉中市南郑县西河石板沟
D10		汉中市西乡县盛家沟
D11		汉中市西乡县杨家沟
D12		汉中市西乡县石板沟
D13		汉中市勉县大河坝地区

（续表）

产地编号	省份	分布产地名称
D14	安徽	淮南皖淮机械厂北侧老鹰山剖面
D15		宿州市萧县凤凰山剖面
D16	北京	北京市昌平区龙山东端采石场剖面
D17	天津	天津市蓟县井峪村北岭剖面
D18	河北	唐山市赵各庄长山沟剖面
D19		唐山市卢龙阚各庄小东山剖面
D20		承德市兴隆县北水泉大石硐剖面
D21		保定市完县清醒乡剖面
D22	吉林	白山市大阳岔镇小羊桥附近大阳岔剖面
D23	辽宁	本溪市火连寨剖面
D24		本溪市碱厂小峪后沟地区
D25		本溪市桓仁县木孟子镇地区
D26		大连市瓦房店市复州湾镇白家山地区
D27		大连市瓦房店市复州湾镇西山地区
D28		大连市瓦房店市磨盘山地区
D29		大连市瓦房店市双山剖面
D30		大连市金州区拉树山剖面
D31		大连市复州湾镇袁家沟后山地区

注：山东地区寒武纪分布的三叶虫化石典型产地见表5-6，此处未列入。

陕西 该省三叶虫化石产地主要位于韩城市和大巴山西段，是华北地区西南缘寒武系的理想地区之一。韩城市以下禹口地区地层发育最好，其中三叶虫化石赋存丰富。代表性的分布地点有秃山剖面和上白矾剖面，前者位于燎原煤矿北侧，后者位于上白矾村北约2 km处。根据三叶虫化石的纵向分布和演化序列，韩城地区寒武系含有的三叶虫化石可划分为14个生物带。陕西大巴山西段位于昆仑—秦岭地区，该地区三叶虫化石不仅属种多，而且数量十分丰富，所在区域自下而上可以划分为7个化石带，主要分布于汉中市南郑县、西乡县、宁强县和商洛市山阳县、商南县等地。

安徽 本省三叶虫化石主要发现于淮南市八公山、宿州市萧县等地。淮南地区三叶虫化石丰富，主要赋存岩性为页岩，以老鹰山剖面为代表。宿州萧县以凤凰山剖面为代表，分布的三叶虫化石主要为褶盾虫属，多数沉积于凤山期炒米店组灰岩中。

河北 省内三叶虫化石主要发现于保定完县、唐山赵各庄、燕山地区等地。保定完县地区三叶虫化石典型产地位于清醒乡剖面，在该剖面上建立了14个三叶虫带，发现有24属、70种类型。唐山地区是华北地区凤山组及冶里组的标准剖面所在地，周志毅、张进林于1978年在唐山赵各庄长山沟剖面、卢龙阚各庄小东山剖面中采集了大量三叶虫化石，有球接子虫、索克虫、密西斯库虫等。燕山地区的三叶虫化石主要分布于昌平、蓟县、兴隆、平泉等地，典型性代表有椭圆头虫、莱得利基虫等。

吉林 本省三叶虫产地以白山市大阳岔剖面为代表，该区域内的晚寒武世及早奥陶世地层连续、化石丰富，是研究晚寒武世凤山期三叶虫及寒武—奥陶系界线层型剖面的典型产地。白山市地区寒武纪凤山期的三叶虫动物群有26个属、53个种，可建立5个三叶虫带。1985年南京古生物研究所陈均远研究员在加拿大卡尔加里召开的国际寒武—奥陶系界线工作会议上，推荐大阳岔剖面为全球寒武—奥陶系界线候选剖面。经过多年不懈努力，在1991年终于将大阳岔剖面确定为全球的寒武—奥陶系界线层型最佳候选剖面。

辽宁 省内三叶虫产地主要分布于省内东部地区，代表性产地有本溪市火连寨、碱厂小峪后沟、桓仁县木孟子镇，大连复州湾镇袁家沟后山、磨盘山、双山剖面、金州区拉树山等地。在瓦房店市复州湾镇白家山、西山地区建立了6个三叶虫带，主要类型有勾肋虫、翼头虫、栉虫等。金州区拉树山剖面和本溪火连寨剖面中记录有三叶虫化石23个属、45个种，建立了7个三叶虫带。

山东 本省三叶虫化石产地主要分布在济南、莱芜、临沂、淄博、潍坊、济宁以及枣庄等地。目前，发现三叶虫化石产地共有39处，赋存三叶虫化石地层典型剖面有：济南张夏—崮山地区的4个剖面（虎头山—黄草顶剖面、唐王寨剖面、馒头山剖面、范庄剖面），莱芜九龙山剖面、盘车购剖面，泰安大汶口剖面等。张夏—崮山地区寒武系地层剖面在华北乃至全国区域内具重要意义。2001年1月国土资源部批准的《中国区域年代地层表》中，将寒武纪划分为3统10阶，其中，毛庄阶、徐庄阶、张夏阶、崮山阶4个阶命名于张夏—崮山地区。

内蒙古　自治区三叶虫化石产地主要分布于大佘太地区、杭乌拉地区和桌子山地区。大佘太地区位于巴彦淖尔市乌拉特前旗，其东北山黑拉地区，保存的三叶虫化石有9属10种，主要为鄂尔多斯虫、假球接子虫，属华北型三叶虫动物群。

西南地区三叶虫化石分布

西南地区寒武纪三叶虫化石主要分布于云南省，该省区域可划分为滇东南、滇东和滇西三个地区。滇东南地区三叶虫动物群与华北地区十分相似。寒武纪时期滇东地区地壳运动相对较弱，寒武纪地层发育齐全，以寒武纪早期的海相沉积地层最为典型，化石保存十分丰富，重要产地有10个（表5-2）。在我国乃至世界备受观注。

滇东地区的玉溪市澄江县帽天山澄江生物群的发现，轰动了整个古生物学界。澄江生物群中含有两个三叶虫带，科研人员在该地区的15条寒武纪地层剖面上采集了大量三叶虫化石，共计有41科、83属、153种。

滇西地区三叶虫化石主要分布在保山市和德宏自治州地区，包含的三叶虫化石有 *Blackwelderia*、*Changia*、*Chuangia*、

表5-2　　　　　云南地区寒武纪三叶虫化石典型产地

产地编号	分布地位名称
Q01	玉溪市澄江县帽天山地区
Q02	昆明市海口地区
Q03	文山州富宁县田蓬镇歌场村
Q04	文山州麻栗坡县董干镇
Q05	保山市隆阳区板桥镇双麦地村
Q06	保山市隆阳区窑镇椅子山自然村
Q07	保山市隆阳区白岩凹林场剖面
Q08	保山市龙陵县镇安八〇八水库剖面
Q09	保山市施甸县柳水
Q10	德宏自治州潞西县茶铺地区

Mictosaukia、*Easaukia*、*Haniwa* 等，其中，*Blackwelderia*、*Mictosaukia* 和 *Haniwa* 还分布在扬子地台区，表明在寒武纪时期滇西地区与华北和华南地区有密切的生物地理关联。

华南地区三叶虫化石分布

该区域的三叶虫化石分布在贵州、湖北、浙江和湖南省，典型产地共有23个（表5-3）。

表5-3　　　　　　　　　　　华南地区寒武纪三叶虫典型产地

产地编号	省份	分布产地名称
H01	贵州	黔东南州凯里市剑河县革东镇八郎村乌溜剖面
H02		黔东南州凯里市剑河县革东镇苗板坡剖面
H03		黔东南州凯里市水泥厂附近
H04		黔东南州镇远县江古镇
H05		黔东南州镇远县羊坪镇
H06		黔东南州台江县八郎
H07		铜仁市石竹村
H08		铜仁市牙溪村
H09		铜仁市万山镇羊尾舟村
H10		铜仁市万山镇寄马冲村
H11		遵义市松林镇中南村
H12	湖北	宜昌市秭归县庙河腊肉洞附近
H13		宜昌市夷陵区莲沱镇王家坪村
H14		宜昌市夷陵区黄山洞剖面
H15	浙江	江山市地区
H16	湖南	湘西自治州花垣县排碧乡四新村
H17		湘西自治州古丈县罗依溪村
H18		湘西自治州凤凰县山江镇大马村
H19		湘西自治州凤凰县腊尔山镇亥冲口村
H20		湘西自治州凤凰县阿拉营镇峨梨塘村
H21		常德市桃源县瓦尔岗乡
H22		张家界市慈利县高桥乡上河湾村
H23		张家界市慈利县高桥乡沈家湾村

贵州　本省属于扬子小区板块，寒武纪三叶虫化石丰富，发现有凯里生物群和杷榔动物群。其中，凯里生物群由贵州大学赵元龙教授等于1982年11月发现于贵州省凯里市剑河县革东镇八郎村乌溜剖面和苗板坡剖面，为距今约5.2亿年前的海洋生物群，包括11大门类、120多属动物化石。在动物化石组成中，无论是属、种或是标本数量，三叶虫化石高居首位，有全球性分布的佩奇虫、印度掘头虫等三叶虫，也有地方特色种类，以高台虫、兴仁盾壳虫为主。此外，在瓮岭塘下寒武统中发现有杷榔动物群，该动物群主要为莱得利基虫目、耸棒头虫目、褶颊虫目及球接子目为主，产地集中在贵州东部地区，主要分布于铜仁、凯里、黔东南州等地。

铜仁一带寒武系发育，是研究贵州寒武系的关键地区，三叶虫化石产地分布在铜仁地区石竹村、牙溪村，万山镇羊尾舟村、寄马冲村。前两个产地中分布有库廷虫、掘头虫、耸棒头虫等三叶虫化石，后两个产地发现有丰富的球接子目三叶虫化石，有27科45属多节类三叶虫化石。

在黔东南州地区，三叶虫化石产地主要分布于镇远县江古镇、羊坪镇和台江县八郎地区。在江古镇地区杷榔组中也发现有杷榔动物群，其中以三叶虫化石最为丰富，共有4属5种，以耸棒头虫化石为主，此外，还发现有莱得利基虫和褶颊虫

——地学知识窗——

江南斜坡带

江南斜坡带是指位于华南地区的由浅海向深海过渡的斜坡沉积区域，主要在湘西桃源—慈利地区和浙江江山一带，该地区内分布的动物群落呈现华北类型向东南类型过渡特征，1974年卢衍豪教授将之命名为"过渡区"。该地区分布的三叶虫化石主要为球接子目三叶虫，其成为国际寒武纪地层划分对比的重要类型，是研究三叶虫化石的重要区域。1990年，彭善池研究员正式将"过渡区"命名为"江南斜坡带"。

化石。羊坪镇竹坪村地区位于贵州东部地区，其中寒武纪早期地层中有5属5种三叶虫化石。关于台江县八郎地区，袁金良等于1997年详细描述了该区域的三叶虫群，共计有28属36种，包括莱得利基虫目，褶颊虫目的沟虫科、褶颊虫科，耸棒头虫目的叉尾虫科、掘冠虫科、飞龙山虫科等。目前，八郎地区凯里组中上部的掘头虫科三叶虫 *Oryctocephalus indicus* 及凯里组下部的*Ovatoryctocara granulata*，已分别被选定为潜在的国际寒武系第3统及第5阶的"金钉子"。

湖北　峡东地区为华南寒武纪地层划分和对比的标准地区之一，三叶虫典型化石产地集中在秭归庙河、宜昌夷陵区莲沱镇王家坪村等地。该地区研究历史久远，以古盘虫类三叶虫最为丰富，共有3属26种。

浙江　省内的寒武纪三叶虫化石产地主要分布在江山地区，可划分出三个三叶虫组合，即 *Corynexochida* 组合、*Agnostida* 组合和 *Ptychopariida* 组合，其中以寒武纪中、晚期球接子类的属种最丰富，多节类三叶虫以寒武纪晚期的褶颊虫目为主，耸棒头虫目的属种数目不多。

湖南　本省的寒武纪三叶虫产地主要在湘西自治州、湘西北常德和张家界地区。湘西则是我国寒武纪中期三叶虫化石分布最为丰富的产地之一，赋存极为丰富的球接子类和多节类三叶虫，自下而上可划分为4个三叶虫生物带，是江南斜坡带的重要组成部分。三叶虫化石主要分布于湘西自治州花垣县、古丈县和凤凰县，典型分布产地有花垣县排碧乡四新村、古丈县罗依溪村和凤凰县山江镇大马村一带，其中，罗依溪剖面是寒武系古丈阶全球标准层型剖面和点位（"金钉子"）。在排碧乡剖面中发现网纹雕球接子（*Glyptagnostus reticulatus*），成为限定排碧阶底界重要的古生物化石，为全国寒武系排碧阶及芙蓉统的层型剖面，是全球寒武系地层内部首个全球标准层型剖面和点位。

湘西北地区寒武纪地层发育完整，三叶虫化石产地有常德石门县和桃源县、张家界慈利县，三叶虫化石赋存典型产地有桃源县瓦尔岗乡，慈利县高桥乡上河湾村、沈家湾村等地，建立了15个三叶虫组合带和2个亚带。

其他地区三叶虫分布

除了上述地区以外，我国其他地区还零散分布着一些三叶虫化石产地，主要位于塔里木和兴安岭地区，共计有5个重 要的三叶虫化石产地（表5-4）。

表5-4　　　　　　　　　　其他地区寒武纪三叶虫化石典型产地

产地编号	省份	分布地位名称
C01	新疆	塔里木盆地库鲁克塔格地区
C02		莫合尔山北坡
C03		却尔却克山罗钦布拉克
C04	黑龙江	伊春五星镇
C05		科尔沁右旗北部苏呼河一带

塔里木地区　本地区的三叶虫化石分布特征与华北地区相似，主要有佩奇虫、莱得利基虫、城口虫等，产地集中在塔里木盆地库鲁克塔格地区。早在1928~1932年间，古生物学家诺林就曾在库鲁克塔格地区研究寒武纪地层。该区域重要产地分布在突尔沙克塔格和却尔却克山一带。

兴安岭地区　本地区的寒武纪三叶虫化石产地主要分布在黑龙江和内蒙古东部地区。黑龙江三叶虫化石产地集中在伊春和大兴安岭地区。伊春五星镇一带是我国东北北部唯一产典型西伯利亚型寒武纪三叶虫群落的地方，有原叶尔伯克虫和新柯坡虫等底栖三叶虫。

奥陶纪时期三叶虫化石分布

早奥陶世我国三叶虫地理分布特征与晚寒武纪晚期相类似。华北地区含有三叶虫化石较少，仅有栉虫科、深沟虫科等科。在我国，根据三叶虫化石的分布特征可将南部区域分为两大区：华中—西南区和东南区，这两个区域的早奥陶世三叶虫化石赋存丰富。华中—西南地区三叶虫主要有栉虫科、光盖虫科、宝石虫科、小铲头虫科等；东南地区三叶虫动物群以油栉虫科、褶颊虫科、栉虫科等为主要组成部分。西北地区早奥陶世三叶虫化石的组成与华中—西南区和东南区较为相似，但也存在差异性，如其中的浆肋虫科、安得美虫科和似镰虫科三叶虫化石在东南区没有保存。总体而言，华北和东北南部地区早奥陶世的三叶虫群组成与北美地区关系较为密切，华中—西南区的三叶虫群与欧洲南部有一定联系，东南区三叶虫大部分与北欧的组成相近似，而西北地区的大部分三叶虫除与北欧关系较为密切外，同时还有一些北美型三叶虫组分。

从中奥陶世开始，华北和东北南部以产头足类和其他门类化石为主，极少含有三叶虫化石；我国东南部的大部分地区在此时期的地层中也很少赋存三叶虫化石，仅见有斜视虫科和隐头虫科三叶虫；华中—西南地区中奥陶统地层中几乎都含有三叶虫化石，主要有栉虫科、斜视虫科、宝石虫科等。西北地区中奥陶世的三叶虫分布较少，主要为带针虫科、Shumardidae、Telophinidae 等科的三叶虫。

晚奥陶世，华北和东北南部尚未发现三叶虫化石，但在华中—西南地区及扬子江下游地区却保存了不少三叶虫化石，有代表性的包括三瘤虫科、圆尾虫科、Telephinidae 等科的三叶虫。西北地区的晚奥陶世三叶虫很少，只有少量的球接子目和浆肋虫科三叶虫。

下面以云南、湘鄂西部地区、新疆等地为代表，简单叙述奥陶纪时期不同地区三叶虫化石的分布特征。

云南地区三叶虫化石分布

云南地区奥陶纪地层发育、分布广泛，赋存丰富的三叶虫化石。根据地理位置特征，可将云南地区分为滇东南（Ⅰ区）、滇东北（Ⅱ区）和滇东（Ⅲ区）三个区域。

晚奥陶世该区域隆起，导致缺失沉积地层及化石记录。早、中奥陶世，滇东南地区被海水覆盖，形成的地层中含有丰富的三叶虫化石。在富宁、文山、马关、屏边等11处发现有丰富的三叶虫化石产地，具体分布情况为：富宁地区有2处，文山地区有4处，其余在蒙自、广南、屏边等地，共有10科15属18种，如远瞩虫科、光盖虫科、栉虫科等（图5-3）。

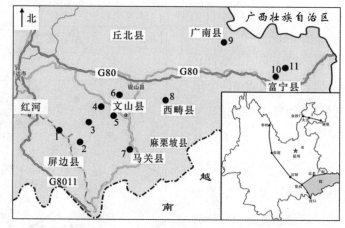

▲ 图5-3 滇东南奥陶纪三叶虫化石产地分布图

1.蒙自戈姑；2.屏边下木都底—贵州寨；3.文山虎山城；4.文山独树柯；5.文山闪片山—老寨；6.文山冷水沟；7.马关八寨丫迷黑；8.西畴董子；9.广南营盘山；10.富宁南劳坝；11.富宁木同。

下图5-4显示滇东南地区的三叶虫化石分布特征。

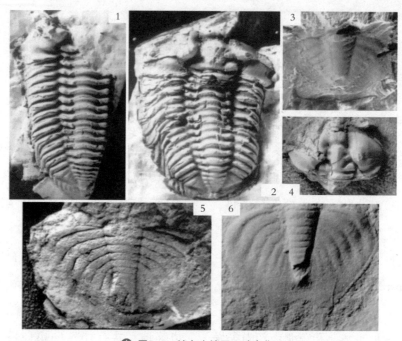

▲ 图5-4　滇东南地区三叶虫化石

1、2、4. *Calymenesun tingi*（背壳，头部）；3. *Taihungshania sp.*（尾部）；
5. *Asaphopsoides yanjinensis*（尾部）；6. *Asahpopsoides angulatus*（尾部）。

滇东北地区三叶虫化石产地主要位于永善、盐津、镇雄和威信四个地方，产地具体为永善县二道水、长坪，盐津县城北盐井坝、柿子坝，镇雄县羊场桃子崖、芒部寒婆岭、芒部秋黄地，威信县白果树—玉京山地区（图5-5）。分布的三叶虫化石共计14科19属27种，典

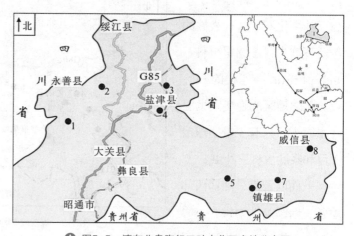

▲ 图5-5　滇东北奥陶纪三叶虫化石产地分布图

1.永善县二道水；2.永善长坪；3.盐津县城北盐井坝；4.盐津柿子坝水坪；5.镇雄县羊场桃子崖；6.镇雄芒部寒婆岭；7.镇雄芒部秋黄地；8.威信白果树—玉京山地区。

型三叶虫化石代表如图5-6所示。

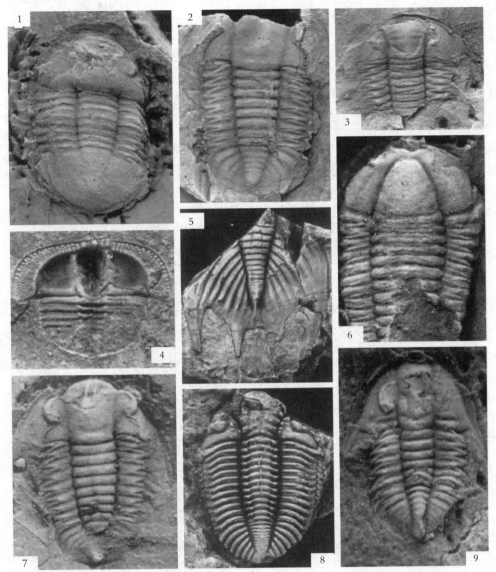

▲ 图5-6 滇东北地区奥陶纪典型三叶虫化石

1. *Liomegalaspides hupeiensis*（背壳），产地为镇雄县芒部；2. *Taihuang Shania*（背壳），产地为镇雄县羊场；3. *Taihungshania shui*（头、胸部），产地为威信县白果树；4. *Hangchungolithus multiseriatus*（背壳），产地为威信县山羊坳；5. *Hungioides yanjinensis*（尾部），产地为盐津县柿子坝；6. *Plaesiacomia* sp.（背壳），产地为威信县田坝；7. *Taihungshania brevica*（背壳），产地为镇雄县芒部秋黄地；8. *Encrinuroides zhenxiongensis*（背壳），产地为镇雄县松树长坝；9. *Liomegalaspides hupeiensis*（背壳），产地为盐津县柿子坝四中桥头。

滇东地区奥陶纪地层大致位于云南省东中部，主要分布于昆明、武定、禄劝、会泽、巧家及鲁甸一带，三叶虫化石分布地点有11处，集中于武定、寻甸、鲁甸、会泽、宜良、昆明等地（图5-7），共计有10科17属18种，如光盖头科、栉虫科、宝石虫科等。

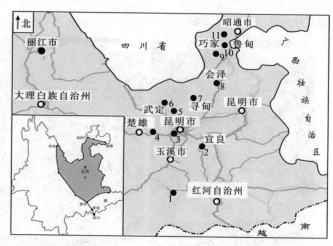

图5-7　滇东地区奥陶纪三叶虫化石产地分布图

1.石屏他腊；2.宜良汤池；3.昆明二村红石崖；4.武定沙朗村；5.禄劝迎春里；6.禄劝大克梯；7.寻甸纳郎；8.会泽五星大村；9.巧家大包厂；10.巧家牛角厂；11.鲁甸梗底。

湘鄂西部地区三叶虫化石分布

湖南西部地区奥陶纪三叶虫分布情况与湖北西部地区相似，湘鄂西地区早奥陶世三叶虫化石典型产地位于秭归县新滩下滩沱、宜昌市黄花场村、荆州市松滋县刘家场村、常德市桃源县茅草铺村、桃源县九溪乡和桃江县响涛园村等地，三叶虫化石类型为球接子类及多节类，已识别出6个三叶虫相（表5-5）。

表5-5　　　　　　　　　　　　湘鄂西部奥陶纪三叶虫化石分布特征

三叶虫相	典型产地	三叶虫群落优势分子	沉积环境
Asaphellus-Dactylocephalus 三叶虫相	宜昌市黄花场村	*Asaphellus*、*Dactylocephalus*	地台型
Dikelokephalinid 三叶虫相	松滋县刘家场村	*Asaphopsis*、*Dactylocephalus*	陆棚斜坡
	桃源县茅草铺村		
Tungtzuella-Asaphopsis 三叶虫相	宜昌市黄花场村	*Tungtzuella*、*Asaphopsis* 和 *Psilocephalina*	陆棚斜坡
	松滋县刘家场村		
Psilocephalina 三叶虫相	宜昌市黄花场村	*Psilocephalina*	大陆边缘浅滩
	石门县水溪峪村		
	桃源县茅草铺村		
Metayuepingia-shumardiid 三叶虫相	桃源县九溪至沅陵一带	*Metayuepingia*、*Asaphopsis* 和 *Hospes*	表陆棚上斜坡环境
Olenid 三叶虫相	桃江县响涛园村	*Bienvillia*、*Geragnostus*、*Niobella*	大陆边缘

新疆地区三叶虫化石分布

新疆地区奥陶纪三叶虫产地分布稀散，目前有记录的产地共有6处，主要集中于塔里木盆地地区，此外，还有婆罗科努山、霍城县果子沟和喀喇昆仑山等地（图5-8）。

塔里木盆地地区分布的三叶虫化石共计约60个属，以 *Taklamakania* 为代表，产地分布在塔里木盆地周围区域，有西北部的柯坪地区、东南部的阿尔金山、东北部的库鲁克塔格山以及北部边缘地区。

柯坪位于阿克苏地区最西端，处于天山南麓、塔里木盆地北部，在柯坪的阿克苏河和叶尔羌河流域周围发现有6处三叶虫化石点，形成于浅水台地海洋环境中，三叶虫化石为深沟虫类、栉虫类。阿尔金山地区地层记录有三叶虫化石包括带针虫科、斜视虫科和宝石虫科等，共12属13种，具有典型的地方性三叶虫化石组合。在库鲁克塔格山地区，发现有10属9种三叶虫化石，形成两个三叶虫生物带。

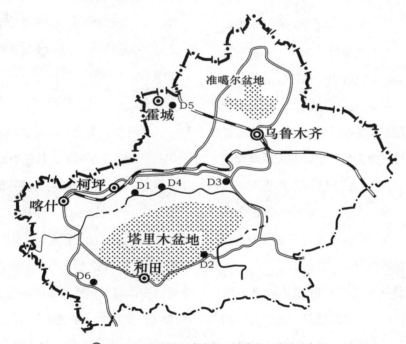

▲ 图5-8 新疆地区奥陶纪三叶虫化石产地分布图

D1.柯坪地区；D2.阿尔金山地区；D3.库鲁克塔格山地区；D4.塔里木盆地北缘地区；
D5.婆罗科努山地区；D6.昆仑山东地区。

山东的三叶虫化石

山东三叶虫化石甲天下

东地区的三叶虫化石闻名天下，科学家对山东三叶虫化石的研究已有一百多年历史，最早可追溯到20世纪初。1903年，美国古生物学家维里士来到山东张夏开展相关研究，此后，不断有古生物学家到此对三叶虫分布特征进行科学研究。山东张夏—崮山地区寒武纪地层发育完整，赋存丰富的三叶虫化石，使得张夏—崮山地区成为华北地区寒武系典型剖面所在地。我国寒武纪区域地层格架中毛庄阶、徐庄阶、张夏阶、崮山阶等都命名于此地，并以该地区分布的三叶虫作为地层划分的重要依据。

山东地区分布的三叶虫化石具有浓郁的地方特色，具体体现在"地域性"和"时代性"两个方面。"地域性"是指山东地区分布的三叶虫化石集中分布于鲁中

——地学知识窗——

加里东运动

加里东运动是古生代早期地壳运动的总称，泛指早古生代志留纪与泥盆纪之间发生的地壳运动，以英国苏格兰的加里东山而命名。

地区，如济南、莱芜、淄博等地，共计39个化石产地（表5-6），其化石面貌具有华北地区三叶虫生物群的区域特征。"时代性"指山东地区经历了寒武纪、奥陶纪沉积之后，受"加里东运动"影响，从晚奥陶世开始，华北板块整体抬升，导致山东地区由浅海沉积转为陆地环境，缺失上奥陶统—泥盆系沉积地层，使得山东地区分布的三叶虫化石只见于寒武—奥陶纪地层中。

表5-6 山东地区三叶虫化石典型产地

编号	典型产地名称	中心点坐标		地理位置
		东经	北纬	
D1	长清区张夏—崮山三叶虫化石产地	116° 54′ 20″	36° 31′ 45″	济南市张夏—崮山地区
D2	章丘市官营十八盘三叶虫化石产地	117° 20′ 46″	36° 30′ 44″	济南市章丘市官营村
D3	沂源县织女洞地质遗迹保护区	118° 08′ 13″	36° 04′ 14″	淄博沂源县牛郎织女景区
D4	博山区五阳山自然景观保护区	117° 53′ 11″	36° 25′ 41″	淄博市博山区五阳山
D5	淄川区黑峪寨三叶虫化石产地	118° 12′ 30″	36° 24′ 20″	淄博市淄川区黑峪寨村
D6	淄川区峨庄东东峪三叶虫化石产地	118° 11′ 57″	36° 27′ 42″	淄博市淄川区东峪村
D7	淄川区杨家庄三叶虫化石产地	118° 13′ 05″	36° 24′ 26″	淄博市淄川区杨家庄村
D8	沂源县平地庄三叶虫化石产地	118° 13′ 13″	36° 23′ 05″	淄博市沂源县平地庄
D9	博山区姚家峪三叶虫化石产地	117° 48′ 13″	36° 29′ 47″	淄博市博山区姚家峪村
D10	沂源县高堂峪古生物化石产地	118° 05′ 40″	36° 08′ 42″	淄博市沂源县高堂峪村
D11	沂源县神清宫三叶虫化石产地	118° 08′ 57″	36° 05′ 43″	淄博市沂源县神清宫林场
D12	泰安市大汶口三叶虫化石产地	117° 05′ 35″	35° 56′ 51″	泰安市大汶口镇
D13	新泰市汶南盘车沟三叶虫化石产地	117° 46′ 00″	35° 45′ 20″	泰安市新泰市盘车沟村
D14	泰安市崔家屋古生物化石产地	116° 52′ 30″	36° 10′ 21″	泰安市岱岳区崔家屋村
D15	泰安市穆英台三叶虫化石产地	116° 52′ 44″	36° 13′ 04″	泰安市穆英台
D16	泰安市南留南三叶虫化石产地	117° 06′ 59″	36° 00′ 45″	泰安市岱岳区南留南村
D17	莱芜市九龙山三叶虫化石产地	117° 44′ 30″	36° 05′ 00″	莱芜市九龙山
D18	莱芜市南王庄三叶虫化石产地	117° 40′ 52″	36° 30′ 55″	莱芜市莱城区南王庄村
D19	莱芜市牛马庄—黄羊山古生物化石产地	117° 47′ 00″	36° 06′ 30″	莱芜市牛马庄、黄羊山村
D20	莱芜市阁老寨三叶虫化石产地	117° 36′ 51″	36° 31′ 53″	莱芜市阁老寨
D21	莱芜中施家峪三叶虫化石产地	117° 45′ 56″	36° 01′ 25″	莱芜市钢城区中施家峪村
D22	青州市尧王山三叶虫化石产地	117° 24′ 50″	36° 43′ 00″	潍坊市青州市尧王山
D23	临朐县杨家河三叶虫化石产地	118° 31′ 18″	36° 20′ 43″	潍坊市临朐县杨家河村
D24	沂南县双堠三叶虫化石产地	118° 13′ 23″	35° 29′ 01″	临沂市沂南县太平庄村
D25	莒南县鸡山三叶虫化石产地	118° 48′ 29″	35° 43′ 43″	临沂市莒南县鸡山
D26	平邑县白马三叶虫化石产地	117° 33′ 04″	35° 31′ 28″	临沂市平邑县白马村

（续表）

编号	典型产地名称	中心点坐标		地理位置
		东经	北纬	
D27	平邑县上水寨古生物化石产地	117° 39′ 17″	35° 21′ 17″	临沂市平邑县上水寨村
D28	兰陵县鲁城下村三叶虫化石产地	117° 45′ 59″	34° 57′ 20″	临沂市兰陵县下村
D29	兰陵县太平庄三叶虫化石产地	118° 06′ 10″	34° 53′ 56″	临沂市郯城县太平庄村
D30	兰陵县滂河村三叶虫化石产地	118° 01′ 55″	34° 53′ 56″	临沂市兰陵县滂河村
D31	沂南县张庄长岭三叶虫化石产地	118° 26′ 26″	35° 28′ 52″	临沂市沂南县长岭
D32	费县许家崖三叶虫化石产地	117° 52′ 41″	35° 10′ 29″	临沂市费县许家崖
D33	兰陵县大炉古生物化石产地	117° 49′ 18″	35° 01′ 06″	临沂市兰陵县大炉村
D34	费县岩坡夏立庄三叶虫化石产地	118° 01′ 47″	35° 11′ 17″	临沂市费县夏立庄村
D35	嘉祥县薄店三叶虫化石产地	116° 25′ 00″	35° 20′ 10″	济宁市嘉祥县薄店村
D36	邹城市安上三叶虫化石产地	117° 01′ 29″	35° 29′ 39″	济宁市邹城市安上村
D37	邹城市昌平山三叶虫化石产地	117° 10′ 54″	35° 28′ 18″	济宁市邹城市昌平山
D38	邹城市凤凰山三叶虫化石产地	117° 19′ 49″	35° 22′ 55″	济宁市邹城市凤凰山
D39	枣庄市薛庄三叶虫化石产地	117° 19′ 01″	34° 49′ 21″	枣庄市薛城区东谷山村

山东地区的三叶虫化石属种类别齐全、数目众多，有许多是山东地区所特有的。

褶颊虫目　钝锥虫科　毕雷氏虫属

特征　头部和尾部都呈半圆形，固定颊宽，头鞍呈锥形，背沟、头鞍沟和眼叶模糊不清。在山东集中赋存于馒头组或张夏组中。

兰氏毕雷氏虫（*Bailiella lantenoisi Mansuy*）　是毕雷氏虫属的一个种，头鞍呈锥形，前端圆润，不伸至外边缘；具3对向后倾斜的头鞍沟，颈沟清晰，无眼；固定颊宽大，活动颊窄小，具颊刺；胸部有14节；尾部小，肋沟浅。产地为济南市长清区张夏镇。分布层位为寒武统（原三统划分方案，后同）徐庄阶。兰氏毕雷氏虫头部化石如图5-9所示。

▲ 图5-9　兰氏毕雷氏虫（头部）

褶颊虫目　无肩虫科　光滑盾壳虫属

水峪光滑盾壳虫（*Leiaspis shuiyuensis* Wu et Lin）　头盖近似方形，头鞍呈长方形，中间向内略微收缩。背沟极浅，未见有头鞍沟，颈沟不明显。眼脊略为凸起于壳面之上。外边缘较宽、凸起，内边缘平缓。前边缘沟宽而浅。尾部轮廓为半圆形，中轴细长。产地为枣庄市薛城区袁家寨。分布层位为中寒武统徐庄阶。水峪光滑盾壳虫尾部化石如图5-10所示。

▲ 图5-10　水峪光滑盾壳虫（尾部）

褶颊虫目　山东盾壳虫科　山东盾壳虫属

特征　头盖呈方形或亚方形，背沟清晰，深度和宽度中等且均匀。头鞍呈切锥形或长方形，颈环中部较宽，且常形成向后并向上斜伸的长颈刺。

刺山东盾壳虫（*Shantungaspis aclis* Walcott）　是山东盾壳虫属的一个种。头盖近似方形、横向较宽；头鞍微向前收缩，具3对清楚的头鞍沟；背沟及颈沟深、颈环中部宽，有一向后斜伸的颈刺；前边缘凸起、较窄；由头鞍前侧水平伸出。产地为济南市长清区张夏镇。分布层位为中寒武统毛庄阶。刺山东盾壳虫头部化石如图5-11所示。

▲ 图5-11　刺山东盾壳虫（头部）

褶颊虫目　裂头虫科　小裂头虫属

特征　尾部是该属的显著特征，尾两侧近于平行，后边平直，中轴只有3个轴环节和1个较大的末节，1对尾边缘侧刺向后向外分散斜伸。

达米小裂头虫（*Crepicephalina rdamia*）是小裂头虫属的一个种。头鞍平缓凸起，向前略有收缩，顶端宽圆；有3对头鞍沟；眼脊低而宽，眼叶大；中轴显著，分3个轴环节及1个较大的末节；尾部两侧近于平行，尾刺较大，向后向外分散伸延。

产地为济南市长清区崮山及沂水五山。分布层位为中寒武统张夏阶。达米小裂头虫尾部化石如图5-12所示。

图5-13所示。

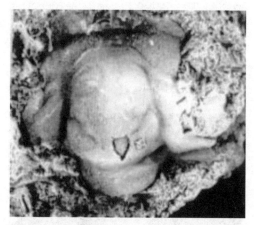

▲ 图5-12 达米小裂头虫（尾部）

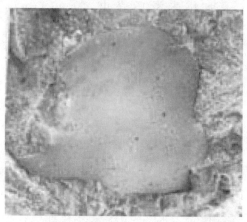

▲ 图5-13 发状济南虫（尾部）

褶颊虫目 济南虫科 济南虫属

特征 壳面光滑、平缓凸起，不分节或壳面的各种沟纹极微弱，头盖呈方形，尾部呈三角形。在山东地区主要赋存于炒米店组中，与褶盾虫共存分布，组成凤山阶最底部的一个生物组合带。

发状济南虫（*Tsinania canens*） 头盖近四边形，头鞍微凸。背沟、颈沟及头鞍沟皆难以辨别。眼叶小，呈半圆形。尾部呈圆滑的亚三角形。轴部颇窄，轴沟和肋沟极微弱，壳面光滑。产地为济南市长清区崮山。分布层位为上寒武统凤山阶。发状济南虫尾部化石如

褶颊虫目 德氏虫科 德氏虫属

特征 化石个体较大，头鞍前没有内边缘，外边缘平直且凸起，壳面布满瘤点。该属化石在山东张夏组上部至崮山组下部都有赋存，尤其是在崮山组下部页岩中，保存极为完好，德氏虫表面纹饰清晰，可作为工艺观赏品，典型产地在莱芜圣井。

帕氏德氏虫（*Damesella paronai*） 是德氏虫属的一个种。头鞍切锥形，有3对头鞍沟。固定颊平缓凸起，眼脊斜向延伸。头鞍前部没有内边缘，外边缘厚而凸起。壳面布满瘤点。产地为济南市长清区崮山地区。分布层位为中寒武统张夏阶。帕氏德氏虫头部化石如

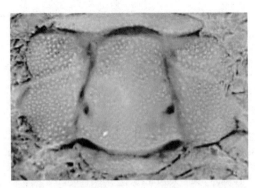

图5-14 帕氏德氏虫（头部）

图5-14所示。

褶颊虫目　褶颊虫科　小姚家峪虫属

特征　化石个体较小，一般不足1 cm。头盖宽、平缓凸起，头鞍呈切锥形，头鞍沟和背沟都较模糊。该属最显著的特点是头鞍前的内边缘中部有一个小隆起的鼓色。该属化石在山东集中赋存于中寒武世馒头组中，化石命名于山东博山小姚家峪。

小眼小姚家峪虫（*Yaojiayuella ocee-llata* Lin et Wu）是小姚家峪虫属的一种。头鞍呈锥形，其顶端平。眼叶小，眼脊平伸。前边缘沟浅而清楚。产地为淄博市沂源县平地庄。分布层位为中寒武统毛庄阶。小眼小姚家峪虫头部化石如图5-15所示。

褶颊虫目　井上虫科　小芮城虫属

特征　头盖凸起呈三角形，头鞍强烈凸起为截锥形。颈环向后延伸形成一个粗大的长颈刺，缺失内边缘。该属在山东地区集中赋存于中寒武世馒头组中，典型产地有济南张夏、临沂费县、莱芜九龙山等地。

三角形小芮城虫（*Ruichengella triang-ularis* Zhang et Yuan）是小芮城虫属的一种。头盖凸起，形状呈三角形。头鞍呈锥形，具3对浅的头鞍沟，背沟清楚。颈环向后延伸成强大的颈刺。产地为济南市长清区张夏。分布层位为中寒武统徐庄阶。三角形小芮城虫头部化石如图5-16所示。

图5-15 小眼小姚家峪虫（头部）

图5-16 三角形小芮城虫（头部）

褶颊虫目　野营虫科　毛孔野营虫属

特征　个体较小，一般只有3 mm大小。头盖强烈凸起，呈圆形；头鞍呈长卵形，强烈凸起。在山东地区集中赋存于馒头山组、张夏组中。该化石个体较小，野外容易采集到。

小型毛孔野营虫（*Poriagraulos nanum* Dames）　是毛孔野营虫属的一种。头鞍呈长卵形，眼脊及眼叶不明显。颈沟不够清楚，颈环后尖出。产地为济南市长清区张夏及淄博市淄川区杨庄。分布层位为中寒武统徐庄阶。小型毛孔野营虫头部化石如图5-17所示。

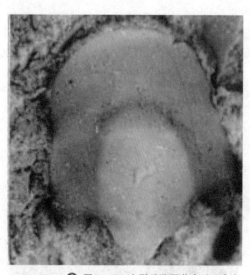

▲ 图5-17　小型毛孔野营虫（头部）

褶颊虫目　野营虫科　矢部虫属

特征　个体较小，头盖呈长方形，向四周平缓倾斜，头鞍平缓凸起，没有头鞍沟，眼叶小，具有前边缘且内边缘稍宽。在山东地区集中赋存于张夏组，是张夏阶最顶部的一个带化石。

光滑矢部虫（*Yabeia laevigata* Resser et Endo）　是矢部虫属的一个种。头盖呈长方形，头鞍形状呈平缓凸起，没有头鞍沟；颈沟宽而浅，颈环两侧窄；眼脊低，眼叶小；内边缘凸起，外边缘窄。产地为济南市长清区崮山。分布层位为中寒武世张夏组。光滑矢部虫头部化石如图5-18所示。

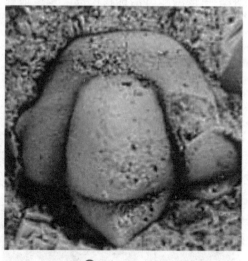

▲ 图5-18　光滑矢部虫（头部）

褶颊虫目　光壳虫科　光壳虫属

特征　个体小，头盖宽，一般不超过8 cm，固定颊甚宽。光壳虫属的显著特征为头鞍前内边缘上有一条明显的纵沟，小尾短而横宽。在山东该化石集中赋存于崮山组顶部，常与蝙蝠虫共存。

克氏光壳虫（*Liostracina krausei Monke*） 是光壳虫属的一种，个体小，头鞍呈锥形，眼小。产地为淄博市淄川区杨庄。分布层位为上寒武统崮山阶。克氏光壳虫头部化石如图5-19所示。

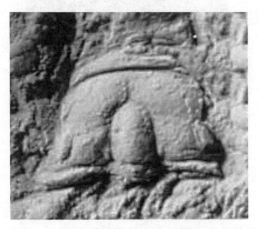

▲ 图5-19 克氏光壳虫（头部）

褶颊虫目　光盖虫科　庄氏虫属

特征　头和尾呈平缓凸起的半圆形，头鞍的内边缘缺失或极窄且凹下，外边缘凸起成横脊状。头鞍沟浅而模糊，尾轴分节极不清楚。该化石集中赋存于炒米店组底部或崮山组近顶部，年代地层层位位于长山阶最底部，典型产地如莱芜颜庄镇牛马庄。

刺庄氏虫（*Chuangia batia* Walcott） 头鞍呈锥形，无内边缘，颈沟浅而狭；固定颊较宽，眼叶小；肋部宽大，分节不明显；尾部宽，中轴凸出。产地为济南市长清区崮山及临沂市兰陵县下村。分布层位为上寒武统长山阶。刺庄氏虫尾部化石如图5-20所示。

▲ 图5-20 刺庄氏虫（尾部）

褶颊虫目　鄂尔多斯虫科　博山虫属

特征　头部是鉴定该属的特征，头鞍呈长方形，无内边缘，边缘沟向前拱曲，内端与轴沟相连，该属命名地为淄博市博山区。除博山以外，在莱芜九龙山、新泰汶南、长清崮山及淄川等地均有博山虫分布。

博山博山虫（*Poshania poshanensis Chang*） 是博山虫属的一个种。头盖呈梯形，头鞍为锥形，鞍沟结构不清楚。固定颊为凸起状态，较头鞍略窄。产地为莱芜市九龙山。分布层位为中寒武世张夏组。博山博山虫头部化石如图5-21所示。

▲ 图5-21　博山博山虫（头部）

褶颊虫目　德氏虫科　蝴蝶虫属

特征　个体较大，头鞍长，呈锥形或截锥形，头鞍沟倾斜；眼叶小而凸起，无眼脊梁；内边缘凹下，外边缘平直且竖起，固定颊强烈凸起；尾轴向后锥形尖出，具多对尾侧刺，壳面多具瘤点。该属在山东集中赋存于崮山组中。

中华蝴蝶虫（*Blackwelderia sinensis* Bergeron）是蝴蝶虫属的一种。头盖形状较宽，头鞍呈锥形，具3对鞍沟。固定颊强烈凸起。头鞍前内边缘凹陷、外边缘竖起、横直。尾部为半圆形。肋节伸出形成7对等长的边缘刺。产地为泰安市新泰市汶南。分布层位为上寒武统崮山阶。中华蝴蝶虫头部及尾部化石如图5-22所示。

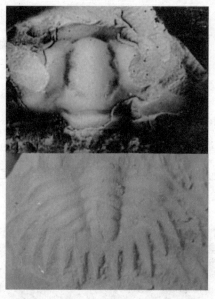

▲ 图5-22　中华蝴蝶虫（头部及尾部）

褶颊虫目　德氏虫科　宽甲虫属

兰氏宽甲虫（*Teinistion lansi* Monke）

头鞍凸起，呈锥形，具2对头鞍沟；内边缘极窄且凹下，外边缘向两侧变窄；固定颊较宽。产地为济南市长清区崮山。分布层位为上寒武统崮山阶。兰氏宽甲虫头部化石如图5-23所示。

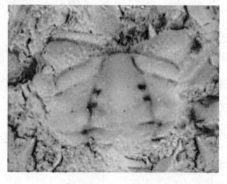

▲ 图5-23　兰氏宽甲虫（头部）

褶颊虫目　德氏虫科　山东虫属

特征　最显著的特征是头盖前部外边缘呈近似三角形，在中部从基底向前伸出一细长的头刺。在山东该化石常赋存于崮山组中，常与蝙蝠虫、光壳虫共存。

刺状山东虫（*Shantungia spinifera Walcott*）　是山东属的一种。头鞍小、呈锥形。背沟两侧较深，前边缘有一较长的头刺。产地为泰安市新泰市汶南。分布层位为上寒武统崮山阶。刺状山东虫头部化石如图5-24所示。

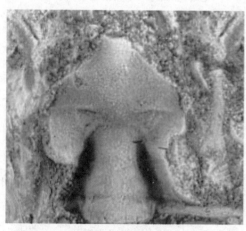

△ 图5-24　刺状山东虫（头部）

褶颊虫目　双刺头虫科　双刺头虫属

特征　头部边缘的前侧伸出一对强大向内弯曲的头盖刺，头鞍后部的颈环中部宽，且向后伸出一个长的劲刺，背沟深。在山东该化石见于崮山组顶部，典型产地有淄川峨庄镇、黑石寨。

刺状双刺头虫（*Diceratocephalus armatus Lu*）　是双刺头虫属的一种。头鞍呈锥形，背沟深，眼叶极小；边缘的前侧有一较长的的前刺。产地为莱芜市九龙山。分布层位为上寒武统崮山阶。刺状双刺头虫头部化石如图5-25所示。

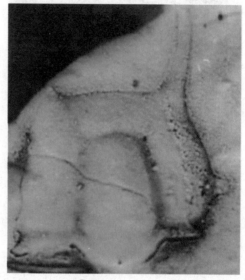

△ 图5-25　刺状双刺头虫（头部）

褶颊虫目　长山虫科　长山虫属

特征　头鞍细长，呈锥形或锥形，光滑无头鞍沟。尾短而横宽，两侧角向下弯曲，整个尾部像"菱角"。

锥形长山虫（*Changshania conica Sun*）　是长山虫属的一种。头鞍近似锥形，背沟浅而清晰，眼叶长，固定颊窄。

产地为淄博市沂源县牛心崮。分布层位为上寒武统长山阶。锥形长山虫头部化石如图5-26所示。

△ 图5-26　锥形长山虫（头部）

褶颊虫目　发冠虫科　小伊尔文虫属

特征　头盖短而宽，头鞍短粗且凸起，呈卵形，2~3对头鞍沟，后一对深且中间相连接，前边缘极窄。在山东该化石赋存于炒米店组下部，与长山虫共存，成为长山虫—小伊尔文虫组合带。

太子河小伊尔文虫（*Irvingella taitzu-hoensis* Lu）　是小伊尔文虫属的一个种。头盖短、宽，具2对头鞍沟；无内边缘，前边缘窄；眼叶长、大。产地为淄博市沂源县牛心崮。分布层位为上寒武统长山阶。太子河小伊尔文虫头部化石如图5-27所示。

△ 图5-27　太子河小伊尔文虫（头部）

褶颊虫目　蒿里山虫科　蒿里山虫属

特征　该属头鞍为锥形，前边缘极窄，尾部近似方形，轴及肋部分节清晰，第二肋节最大且由其向后平行延伸形成一对大的侧刺。化石壳面布满瘤点。该化石在山东地区常赋存于炒米店组中，化石命名地位于泰安蒿里山。

丘疹蒿里山虫（*Kaolishania pustulosa* Sun）　头鞍呈锥形，具3对头鞍沟。前边缘窄而凹下。尾部近似方形，较大，轴叶狭而细。表面具有强壮的瘤点，具短而宽的侧刺。产地为泰安市蒿里山。分布层位为上寒武统长山阶。丘疹蒿里山虫头部及尾部化石如图5-28所示。

△ 图5-28　丘疹蒿里山虫（头部及尾部）

褶颊虫目 褶盾虫科 褶盾虫属

特征 头鞍特征极为明显，头鞍两侧平行，前叶强烈凸起呈球状，后二对头鞍沟常相连构成"串珠"状的头鞍，前边缘极窄，无边缘沟。该化石在山东赋存于炒米店组中部，与济南虫共生组成凤山阶底部的一个三叶虫组合带。

亚球形褶盾虫（*Ptyehaspis subglobosa Grabau et Sun*） 头鞍大，两侧近于平行，两对头鞍沟完整相连。眼叶小。前边缘窄而强烈，向下倾斜。产地为淄博市淄川区杨庄。分布层位为上寒武统凤山阶。亚球形褶盾虫头部化石如图5-29所示。

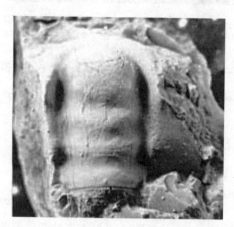

▲ 图5-29 亚球形褶盾虫（头部）

裂头虫目 裂头虫科 徐庄虫属

特征 该属具有一对极大的边缘侧刺，由尾部两旁肋叶中部伸出，是该属的

重要鉴定特征，壳面多具有突起的小点。该属在山东主要赋存于中寒武世馒头组中，典型产地位于济南长清张夏徐庄村馒头山。徐庄虫属位于徐庄阶的底部，它的出现标志着徐庄阶的开始。

徐庄徐庄虫（*Hsuchuangia hsuchuangensis Lu*） 是徐庄虫属的种。头鞍凸起、向前收缩，近似截锥形；具3对浅的头鞍沟，外边缘凸起，边缘沟较深；眼叶位于相对头鞍中线之后；尾部中轴分为6～7节，肋叶上具5～6对肋沟；具一对边缘侧刺，头盖表面具小疣点。产地为济南市长清区张夏镇。分布层位为中寒武统徐庄阶。徐庄徐庄虫尾部化石如图5-30所示。

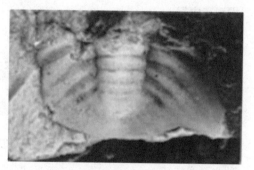

▲ 图5-30 徐庄徐庄虫（尾部）

球接子目 古盘虫科 中华佩奇虫属

中华佩奇虫未定种（*Sinopagetia* sp.） 头盖中等突起，前缘向前呈弧形弯曲、

半椭圆形；背沟深、头鞍突起；颈沟极浅，仅在两侧显示；颈环向后尖出，呈短三角形颈刺；固定颊宽而突起；尾部半椭圆形；背沟及轴节沟极浅；尾轴窄长；肋部比轴部略宽，平缓突起。产地为枣庄市峄城区石榴园。分布层位为寒武纪馒头组。中华佩奇虫未定种化石如图5-31所示。

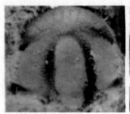

△ 图5-31　中华佩奇虫未定种（头部）

莱得利基虫目　莱得利基虫科　莱得利基虫属

特征　该属头鞍由长锥形至两侧近于平行，向前伸出接近外边缘，内边缘极窄。头鞍两侧长半月形的眼叶。面线前支向前并向外扩张，与头鞍中轴成45°～90°的角度，其角度的不同是该属内区别不同种的主要特征。

中华莱得利基虫（*Redlichia chinensis*）　是莱得利基虫属的一种。头鞍呈锥形、狭而长，头鞍沟具3对。眼叶长大，作弯弓状，末端与头鞍相连。面线前支横向水平伸出，与头鞍中线成90°的交角。产地为淄博市沂源县平地庄及济南市长清区张夏。分布层位为下寒武统龙王庙阶。中华莱得利基虫头部化石如图5-32所示。

△ 图5-32　中华莱得利基虫（头部）

莱得利基虫目　椭圆头虫科　大古油栉虫属

特征　头鞍向前明显扩大，发现于山东早寒武世朱砂洞组，主要分布于日照莒县和李官地区。

凤阳大古油栉虫（*Megapalaeolenus fengyangensis* Chu）　是大古油栉虫属的一种。头鞍向前明显扩大，具4对头鞍沟。颈环中部宽。眼叶大，固定颊平缓凸起。产地为临沂市沂南县孙祖。分布层位为早寒武世朱砂洞组。　凤阳大古油栉虫头部化石如图5-33所示。

▲ 图5-33 凤阳大古油栉虫（头部）

耸棒头虫目 叉尾虫科 叉尾虫属

特征 该属头鞍呈棒状，两侧平行，前端两侧的背沟内有明显的凹坑，暗沟浅而不清晰。颈环凸起，中部有一向后向上翘起的长颈刺。头部前部边缘极窄。

张夏叉尾虫（*Dorypyge zhangxiaensis*）是叉尾虫属的一种。头鞍呈次柱形，前部略向前收缩，具3~4对侧头鞍沟，其表面有不规则的网状脊线和网眼装饰。尾边缘

较宽，具较长的尾边缘刺。产地为济南市张夏馒头山、淄博市峨庄乡杨家庄。分布层位为中寒武统张夏阶。张夏叉尾虫尾部化石如图5-34所示。

耸棒头虫目 长眉虫科 双耳虫属

特征 该属头鞍呈长方形，中部略有收缩。一对长的眼叶围绕头鞍两侧，好似两只大耳，故名"双耳虫"。

女神双耳虫（*Amphoton deois Walcott*）是双耳虫属的一个种。头鞍呈长方形，头鞍沟微弱，颈沟浅而宽，颈环中部较宽。眼叶较长，分布在头鞍两侧。产地为临沂市兰陵县鲁城及淄博市淄川区杨庄。分布层位为中寒武世张夏组。女神双耳虫头部化石如图5-35所示。

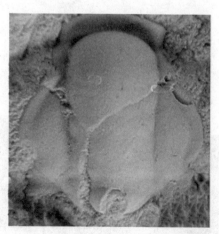

▲ 图5-35 女神双耳虫（头部）

▲ 图5-34 张夏叉尾虫（尾部）

山东三叶虫化石典型产地

山东地区三叶虫化石典型产地有39处，其中济南有2处，淄博9处，泰安、莱芜各5处，潍坊2处，临沂11处，济宁4处，枣庄1处（表5-6）。而三叶虫化石典型性分布区主要集中在济南市张夏—崮山地区、莱芜九龙山地区和泰安大汶口地区等地。

张夏—崮山地区三叶虫化石典型产地

张夏—崮山三叶虫化石产地位于济南市长清区张夏镇和崮山镇，距泰安市约20 km、济南市中心25 km（图5-36）。该

△ 图5-36 张夏—崮山区域位置及地质公园概况

图a、b、c分别为张夏—崮山省级地质公园所处位置、主门和主碑，其中，a图五角星标注地方为公园所在地；图d为馒头山（图中圈处）。

区寒武系非常发育，出露地层连续，三叶虫化石保存完好。到目前为止，在张夏—崮山寒武纪地层剖面上所发现的三叶虫化石共有70属、近100种。其中，有的种属是在张夏—崮山地区首次发现和命名的，如 *Hsuchuangia*（徐庄虫）、*Psilostracus mantouensis*（馒头裸壳虫）等。华北地区寒武系标准剖面由四段地层剖面所组成：张夏地区馒头山剖面，崮山地区虎头崖—黄草顶剖面、唐王寨剖面和范庄剖面。馒头山因外形特别像馒头，当地习惯称作为"馍馍山""满寿山"。2001年被批准纳入省级地质遗迹自然保护区，2003年馒头山被世界教科文组织命名为世界第三地质名山，于2004年5月建立山东长清张夏—崮山省级地质公园。

莱芜九龙山三叶虫化石典型产地

莱芜九龙山地区寒武纪地层发育，地层剖面层序清晰，保存完好，富含三叶虫化石，备受中外地层古生物学家的关注（图5-37）。典型性分布产地有牛马庄和九龙山，牛马庄位于钢城区颜庄镇，位于镇驻地南2 km处；九龙山剖面位于莱芜市颜庄镇南偏西4 km处。

地层中保存的三叶虫化石共有4个目、33个科、120多个属，分别为球接子目4个科、莱得利基虫目1个科、耸棒头虫

——地学知识窗——

燕 子 石

山东莱芜"燕子石"闻名中外，这里的工艺品燕子石实际指的就是三叶虫化石，而且主要指的是古生物学家定名的蝙蝠虫的三叶虫尾部化石。因为这类化石具有一对长的尾侧刺，就像燕子石的双翅，故名燕子石。

目2个科和褶颊虫目26个科。该地区的三叶虫化石因"燕子石"而蜚声中外。燕子石色泽呈深绿、浅绿、紫褐等色，虫体显示微黄并凸出岩层面，个体大小从1厘米到十几厘米不等。2000年莱芜市人民政府设立"燕子石地质遗迹禁采区"，对燕子石资源加强了保护。

泰安大汶口三叶虫化石典型产地

大汶口镇位于山东省泰安市南部，其闻名于世的有两样"坐镇之宝"：一是大汶口文化，另一个是大汶口燕子石。这里产的三叶虫化石在当地又被称作为大汶口燕子石、蝙蝠石。

大汶口燕子石色泽有深绿、浅绿，形如飞燕。虫体从1厘米到十几厘米大小不等。其主要分布地区在大汶河流域的圣井、磁窑、大汶口等地，又以大汶口河床出产为最佳。据1928年版《重修泰安县志》记载："大汶口之三叶虫化石，俗称燕子石。其石黝润，居淄石右，其石在坑底者尤佳。"其间又常有蛤蚌、蝴蝶等化石出土，较为珍贵。

这几年来，泰安市推出的燕子石作品集观赏性、实用性、纪念性于一体，大的超过三尺，小的不过一寸，造型生动，风格迥异，深受观赏者喜爱。其多次被选为国家礼品，馈赠外国元首和国际友人，是深受海内外人士所喜爱的、有特色的工艺艺术品。大汶口燕子石制品畅销全国各地，并销往日本、美国及东南亚地区，成为民族艺苑中一枝绚丽的奇葩。

Part 6 保护三叶虫化石

三叶虫化石的价值体现在科学研究、文化价值以及科普价值三个方面，如用于地层划分和跨区域地层对比、制作砚台等工艺品、建立地质公园、开展旅游活动等。

科学价值

三叶虫化石的科学价值主要体现在地质时代性，即通过分析三叶虫化石所处地质时代，来推断赋存的岩层所形成的地质时间，进而将不同地区的相同地层进行跨区域对比。地层对比的含义是根据岩层中含有的古生物化石特征，将不同地区间的地层单位在空间上进行比较研究，进而证明这些地层单位是否在层位上相当，在时间上相近。比较化石是否相同，是地层对比最初利用也是最可靠的方法之一，含有相同化石的地层的时代也大致相同。

地层对比

由于三叶虫的演化速度快，因此，它们非常适合被用作标准化石。例如，下图6-1显示：在地点1处发育完整的沉积地层，有A、B、C、D四个地层，而在地点2、3处，则分别缺失D和B地层，这说明该地域地层在演化过程中，地点2和地

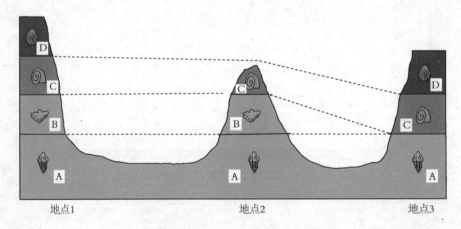

▲ 图6-1 不同地区间地层对比

点3两个地方分别有地层被风蚀导致沉积间断。如果单从岩石特征来对比，就会得出地点2中"C"与地点3中"D"形成相同时代的错误结论。若用古生物化石作为媒介，按图中虚线连接，就可以找到3个地点中相应的时代地层。

金钉子

地质学上的"金钉子"实际上是指国际地层委员会和地科联已正式公布的全球年代地层单位界线层型剖面和点位（Global Standard Stratotype Section and Point，GSSP）。金钉子是为定义和区别全球范围内不同地质年代所形成的地层界线的全球唯一标准或典型。目前在我国命名的金钉子有10处，分布在寒武系、奥陶系、石炭系、二叠系以及三叠系地层单元

——地学知识窗——

标准化石

标准化石是指分布广、数量大、在某一地层单位中特有的生物化石，在该地层下伏和上覆岩层中基本上没有这种化石，是能确定地层地质时代的化石，地质学家可以使用它们来确定含有三叶虫化石的地层形成年代。

——地学知识窗——

"金钉子"的由来

"金钉子"一名来源于美国。1869年5月10日，首条横穿美洲大陆的铁路钉下了最后一颗钉子，它宣告了全长1776英里的铁路胜利竣工，这颗钉子是用18k金制成的。为纪念这一事件，美国在1965年7月30日建立了"金钉子国家历史遗址"。全球年代地层单位界线层型剖面和点位在地质年代划分上的意义，与美国铁路修建史上"金钉子"的重要历史意义和象征意义具有异曲同工之处，因此，"金钉子"就为地质学家所借用。

中，各阶金钉子点位以球接子类三叶虫、笔石、牙形刺和有孔虫等不同古生物首次出现为标志，其中以三叶虫某个种的首现作为金钉子的有3处，分别为花垣古丈阶金钉子、排碧阶金钉子和江山阶金钉子（表6-1）。

在进行区域地层研究时，有个问题一直困扰着地质学家：如何将华北和华南地区所建立的寒武系地层单元进行对比。长期以来，中国传统的寒武纪标准年代地层格架是以华北的张夏、唐山地区和滇东昆明浅水地台相区所含古生物化石为依据建立起来的。1959年，全国第一届地层会议确定我国寒武纪年代地层表使用上、中、下三统的划分方案。由于地层划分界线大多采用底栖多节类三叶虫化石，其区域性分布特征较强，这个特点极大地限制了以多节类三叶虫为依据所建立的地层格架的对比性，使得寒武纪三分法年代地层框架既不利于国内寒武系地层的精确对比，也不利于和国际其他地区寒武系地层进行对比。

为了解决这个难题，南京古生物研究所彭善池研究员带领团队攻坚克难，终于在江南斜坡带中找到了一类三叶虫动物群，其中含有大量的全球性分布的球接子类和一些全球或洲际分布的多节类三叶虫，这些三叶虫的特点是地理分布广、演化迅速，加之沉积地层连续，基本未受破坏，因此非常适合建立地区性乃至全球性的年代地层标准。2004年9月，在韩国举行的第9届国际寒武系现场会议上，彭善

表6-1　　　　依据三叶虫化石建立的金钉子

阶名称	金钉子的地理位置	生物标志	地理坐标	批准年份
江山阶	浙江江山碓边B剖面	球接子 *Agnostotes orientalis* 首现	N：28° 48.977′ E：118° 36.887′	2011年
排碧阶	湖南花垣排碧四新村	球接子 *Glyptagnostus reticulatus* 首现	N：28° 23.37′ E：119° 31.54′	2003年
古丈阶	湖南古丈罗依溪西北约5 km	球接子 *Lejopyge laevigata* 首现	N：28° 43.20′ E：119° 57.88′	2008年

池等提出了全球寒武系地层的"四分方案"，即自下而上将寒武系地层划分为滇东统、黔东统、武陵统和芙蓉统。该方案获得了寒武系分会和国际地层委员会的认可，并于2005年初公开发表，成为国际通用的寒武系地层划分方案（**表6-2**），完全取代了此前长期执行的"三分法"。在华南地区，从南皋阶到牛车河阶（共8个阶），以每个年代地层底部出现的三叶虫化石为依据，建立起区域性的地层格架。形成表6-2中显示的划分方案。

——地学知识窗——

"芙蓉统"的由来

芙蓉统名称来自于"芙蓉国"，是唐代湖南省的别称。2003年8月，国际地科联主席 Mulder 教授签署批准书，正式建立芙蓉统，这是寒武系的全球首个统一级标准地层单位。

表6-2　　　　华南地区寒武纪地层划分方案

| 年代地层 | | 古生物化石标志 |
统	阶	
芙蓉统	牛车河阶	*Lotagnostus americanus* 首现
	桃源阶	*Agnostotes orientalis* 首现
武陵统	排碧阶	*Glyptagnostus reticulatus* 首现
	古丈阶	*Lejopyge laevigata* 首现
	王村阶	*Ptychagnostus punctuosus* 首现
	台江阶	*Oryctocephalus indicus* 首现
黔东统	都匀阶	*Arthricocephalus chauveaui* 首现 三叶虫首现
	南皋阶	
滇东统		非三叶虫生物地层

古丈阶金钉子

古丈阶金钉子是在中国确定的寒武系内第2枚金钉子，是由中科院南京古生物研究所彭善池率领的国际科研团队所取得的突破性成果。该金钉子位于湖南省古丈县罗依溪镇西北的凤滩水库罗依溪剖面（图6-2）。

2008年3月，国际地科联批准了古丈阶金钉子和新建的古丈阶年代地层单位的方案。该点位为全球性分布的球接子类三叶虫光滑光尾球接子（*Lejopyge laevigata*，图6-3）的首现位置，此外确定该阶底界的次要全球性标志三叶虫化石还有 *Lejopyge calva* 和 *Lejopyge armatade* 等，在剖面的花桥组底界之上121.3 m处，可以与澳大利亚、西伯利亚、北美等地地层进行对比。目前罗依溪剖面由湖南省、古丈县人民政府共同永久保护。

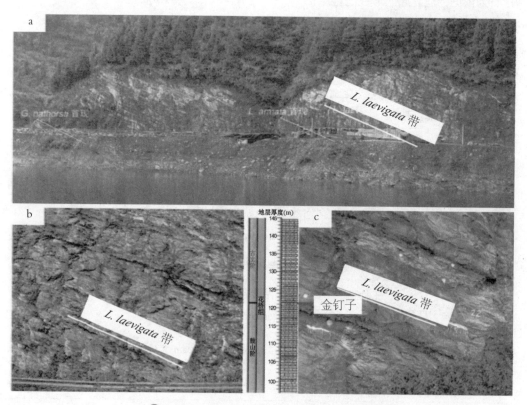

🔺 图6-2　罗依溪剖面和古丈阶金钉子分布特征

a.罗依溪剖面含层型点位层段；b、c.为罗依溪剖面渐次近摄，显示花桥组底界之上121.3 m的 *L. laevigata* 首现基线（以白线标出）。

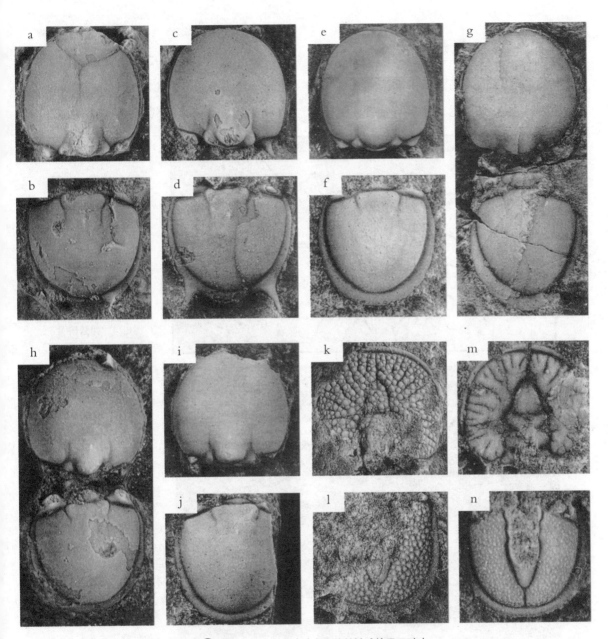

🔺 图6-3 识别古丈阶底界的关键球接子三叶虫

a ~ d. *L.armata*; e ~ g. *L.calva Robison*,1964; h ~ j. *L.laevigata*; k ~ l. *Ptychagnostus aculeatus*; m ~ n. *Goniagnostus natuorsti*。

排碧阶金钉子

排碧阶的命名源自于湖南省花垣县排碧乡四新村附近，排碧阶金钉子位于湖南花垣县排碧乡的排碧剖面，在吉首以西35 km花垣西南约28 km的319国道北侧，岩层出露良好（图6-4、6-5）。2003年2月，国际地球科学联合会在纳米

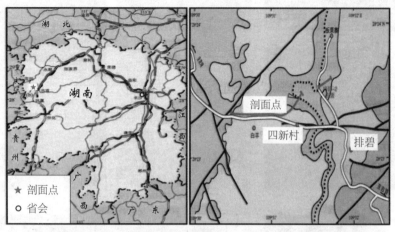

◀ 图6-4 排碧阶金钉子所处交通区位图

◀ 图6-5 识别排碧阶金钉子（*G. reticulatus* 带底界）地层出露状况

a.金钉子剖面近摄（红线表示 *G. reticulatus* 的首现）；b.含金钉子点位的近摄（在地质锤的底面位置）；c.跨越金钉子点位的泥屑灰岩层的垂直层面近照。

比亚召开的51届执行委员会会议上，批准了湘西花垣排碧乡碧阶底界的标准层型剖面和点金钉子的提案。2003年8月，国际地科联签署了批准书。至此，以湘西花垣排碧乡命名的排碧阶和其底界的全球层型正式在我国确立，成为寒武系的首个全球阶一级标准单位，排碧剖面也成为寒武系内的首个全球层型金钉子剖面。

该层型点位与全球性分布的球接子类三叶虫网纹雕球接子（*Glyptagnostus reticulatus*，图6-6）首次出现位置一致，此外还有许多其他标准化石来确定排碧阶底界的位置，如球接子类三叶虫 *Acmarhachis typicalis*、*Peratagnostus obsoletus* 和 *Pseudoagnostus josepha*。

江山阶金钉子

江山阶金钉子位于浙西江山地区，是以其底界的金钉子所在地江山市而得名。2011年8月国际地层委员会和国际地科联执委会批准江山阶为芙蓉统的第二个阶，表决通过了江山阶金钉子的提案。江山阶底界的全球标准层型剖面和

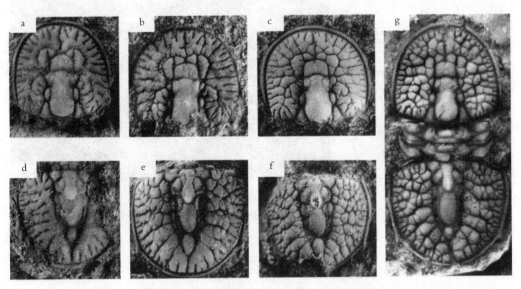

🔺 图6-6 排碧阶金钉子*Glyptagnostus* 种和形态类型

a～b. *G. stolidotus*; c～e. 微弱结网的 *G. reticulatus* 形态类型; f～g. 强烈结网的 *G. reticulatus* 形态类型。

点位建立于碓边B剖面，位于浙江省江山市碓边村附近（图6-7），该金钉子与全球地理分布的球接子类三叶虫 *Agnostotes orientalis* 首现位置（即 *Agnostotes orientalis* 带的底界）一致，是继寒武系排碧阶和古丈阶金钉子之后，在我国确立的第3枚寒武系内的金钉子。图6-8展示了江山阶金钉子的关键三叶虫物种。

🔺 图6-7　碓边B剖面位置和江山阶金钉子

a. 碓边A、B剖面地理方位；b. 碓边B剖面所处交通区位；c. 江山阶金钉子分布特征。

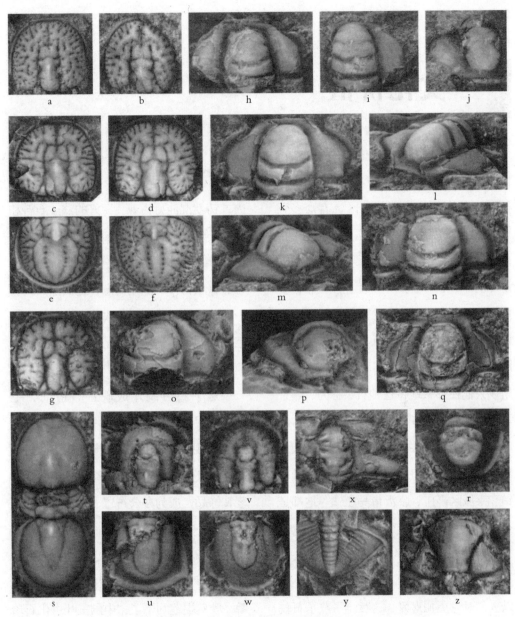

图6-8 江山阶金钉子的关键三叶虫物种

a~g：一组原始和进化类型的Agnostotes orientalis(Kobayashi, 1935)；h~j：Irvingella angustilimbata(Kobayashi, 1938)，头盖；k~n：Irvingella convexa(Kobayashi, 1935)，两个头盖；o~r：Irvingella major (Ulrich&Resser in Walcott, 1924)，头部和尾部；s：Tomagnostella orientalis(Lazarenko, 1966)，背壳；t~u：Ivshinagnostus hunanensis (Peng, 1992)，头部和尾部；v~w：Eolotagnostus sp.nov.，头部和尾部；x~y：Proceratopyge(Sinoproceratopyge) distincta (Lu&Lin, 1989)头盖和尾部；z：Corynexochus plumula(Opik, 1963)头盖。

文化价值

在泰山山脉的莱芜山区，有众多三叶虫历经沧桑巨变，有幸被大自然镶嵌在灰黄色的石板上。石上三叶虫的形体清晰，状如春燕穿柳，色泽古雅，姿质温润，纹彩特异，富有天趣。由于它们保留了生命最后瞬间动人的姿态，如采花的蜜蜂，像翱翔的海燕，似穿柳的春燕，所以人们便形象地将这种石头称为"燕子石"（也叫蝙蝠石）。燕子石在山东省内赋存于崮山组地层中，分布于鲁西广大地区，泰安市大汶口镇、莱芜市钢城区颜庄镇和莱城区高庄、临沂市马庄镇等地都是有名的燕子石产地。

因燕子有吉祥的寓意，业界文人更是认为燕子石凝聚了人类的祈福愿望，所以人们对它更加喜爱，这赋予了燕子石较高的收藏和观赏价值。当代著名书画家范曾先生曾为燕子石题诗曰："化石峥嵘亿年沉，纷纷燕子入残痕。轰然地裂无边

火，铸就混沌万古魂。"好的燕子石料和好的外形，再加上好的装饰艺术手法，可充分表现出其石体的地久天长、福寿延年、喜庆吉祥的深刻寓意，达到了天人合一的艺术效果，满足了收藏者在精神上、艺术上的观赏需求。这是燕子石区别于其他观赏石品的显著特点。

燕子石可制作成砚台、镇纸、笔架、印泥盒等文房诸宝。用燕子石制作的燕子石砚保潮耐涸，易于发墨，不伤笔毫。此外还可制成屏风、花瓶、扇面等工艺装饰品，成为办公布置、家居装饰的佳选（图6-9）。清乾隆帝在《西清砚谱》中将燕子石砚台列为众砚之首。末代皇帝爱新觉罗·溥仪之弟溥杰观赏了燕子石后，欣然提笔写下了"中国三叶虫化石珍品"的墨宝。燕子石艺术品还多次被选为国家礼品馈赠给国际友人。日本前首相中曾根访华时，中国领导人曾赠送给他一件

燕子石工艺品；中国孔子基金会自1987年起，就把燕子石列为儒学国际研讨会的纪念品；2003年起被山东省旅游局指定为旅游购物名牌产品。

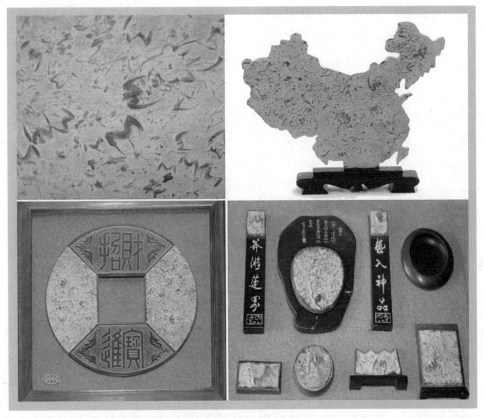

图6-9　燕子石工艺品

科普价值

以三叶虫化石为主题建立地质公园，可借助地质公园内的三叶虫化石自然景观宣传科普知识，推广地质旅游。目前国内以三叶虫化石为主题的地质公园主要分为两类：一类是以三叶虫化石为主题的地质公园，如云南澄江世界地质公园、湖南花垣古苗河地质公园、红石林国家地质公园、山东张夏—崮山地质公园；还有一类地质公园是以三叶虫化石为辅助地质自然景点，如山东青州国家地质公园、安徽八公山国家地质公园、猛洞河省级地质公园等。目前，国内已建成与三叶虫相关的不同级别的地质公园共有14处（表6-3）。

表6-3　　　　　　我国已建成的与三叶虫化石有关的地质公园

地质公园名称	地理位置	地质公园级别
山东青州国家地质公园	山东青州	国家级
山东张夏—崮山地质公园	山东济南	省级
山东金乡羊山省级地质公园	山东济宁	省级
曲阜尼山省级地质公园	山东曲阜	省级
八公山国家地质公园	安徽淮南	国家级
猛洞河省级地质公园	湖南湘西	省级
排碧寒武纪地质公园	湖南湘西	省级
红石林国家地质公园	湖南张家界	国家级
重庆奥陶纪地质公园	重庆万盛	省级
武安国家地质公园	河北武安	国家级
嵩山世界地质公园	河南登封	世界级
大连滨海国家地质公园	辽宁大连	国家级
湖北远安化石群省级地质公园	湖北远安	省级
云南澄江国家地质公园	云南玉溪	世界级

以山东张夏—崮山地质公园为例，该公园位于济南市长清区，所在区域分布有华北地区典型的寒武纪地层，其中赋存丰富的三叶虫化石。该公园已于2014年对外开放，并开通"山东张夏—崮山地质公园"网站，提供了寒武纪生命大爆发动漫视频、寒武纪时期山东地区沉积环境演化特征等科普信息。同时，利用每年的地球日和博物馆日，在公园园区内开展一系列关于地球演化、古生物化石形成方面的科

普讲座和科普宣传活动，加强普通大众对地质知识的了解。此外，该公园还和山东省地质科学研究院、山东省地调院相关科研机构开展合作，加强相关基础科学研究，提高科普水平。

作为在地质历史演化过程中保存下来的稀缺资源，三叶虫化石正在显示它独特的魅力，对于探索地球早期生命演化形式具有不可估量的价值。例如，自澄江动物群被发现至今，在《Nature》《Science》等世界顶级自然科学杂志上已发表相关论文数十篇。同时国内外新闻媒体也给予了相应报道：中央电视台《探索·发现》节目作了《天赐：史前生命大爆发》专题报道；《纽约时报》评论这是"20世纪最惊人的发现之一"；而美国《科学新闻》评价其为"在地球早期黑暗中探索生物的起源，久追不得其解的古生物学家，对这些全新的化石证据无比欢欣鼓舞"；新华网、光明网等媒体也都作了相关报道，使得澄江这个地方成为全世界古生物研究人员和爱好者心中向往的圣地。尤其是在2012年7月，在俄罗斯圣彼得堡召开的第36届世界遗产委员会议上，将澄江动物群化石列入《世界遗产名录》，使得澄江化石产地蜚声海外，提升了澄江以及周边地区的知名度，成为当地宣传的明信片。

参考文献

[1] 陈均远. 动物世界的黎明[M]. 南京: 江苏科学技术出版社, 2004: 1-366.

[2] 代韬. 三叶虫个体发育研究[D]. 西安: 西北大学地质学系, 2012.

[3] 段冶. 湘西晚寒武世多节类三叶虫新种及 *Erixanium* 属首次发现[J]. 古生物学报, 2004, 43(1): 63-71.

[4] 雷倩萍, 彭善池. 湘西北地区寒武纪黔东世掘头虫类三叶虫 *Duyunaspis* 及其种内变异[J]. 古生物学报, 2014, 53(3): 352-362.

[5] 刘本培, 全秋琦. 地史学教程[M]. 北京: 地质出版社, 1996: 1-276.

[6] 卢衍豪, 张文堂, 朱兆玲等. 中国的三叶虫（上册）[M]. 北京: 科学出版社, 1965: 4-6.

[7] 罗惠麟, 周志毅, 胡世学等. 滇东南奥陶纪三叶虫的地层记录[J]. 古生物学报, 2014, 53(1): 33-51.

[8] 梅仕龙. 河北完县中晚寒武世牙形石和三叶虫生物地层[J]. 地层学杂志, 1993, 17(1): 11-24.

[9] 彭善池. 华南新的寒武纪生物地层序列和年代地层系统[J]. 科学通报, 2009, 55(18): 2691-2698.

[10] 彭善池. 全球标准层型剖面和点位（"金钉子"）和中国的"金钉子"研究[J]. 地质前缘, 2014, 21(2): 8-26.

[11] 彭善池, Babcock LE, 林焕令等. 寒武系全球排碧阶及芙蓉统底界的标准层型剖面和点位[J]. 地层学杂志, 2004, 28(2): 104-113.

[12] 齐文同, 柯叶艳. 早期地球的环境变化和生命的化学进化[J]. 古生物学报, 2002, 41(2): 295-301.

[13] 南京古生物研究所. 中国"金钉子"——全球标准层型剖面和点位研究[M] 杭州: 浙江大学出版社, 2013: 1-310.

[14] 无方. 布尔吉斯页岩——个一百年对五亿年的故事[J]. 生物进化, 2009, 4: 42-50.

[15] 杨兴莲, 赵元龙, 彭进等. 贵州剑河寒武系清虚洞组掘头虫类三叶虫的发现[J]. 高校地质学报, 2010, 16(3): 309-316.

[16] 殷宗军, 朱茂炎. 新元古代磷酸盐化外包型腔原肠胚化石在瓮安生物群中的发现[J]. 古生物学报, 2010, 49(3): 325-335.

[17] 袁金良, 李越, 穆西南等. 山东张夏期（中寒武世晚期）三叶虫生物地层[J]. 地层学杂志, 2000, 24(2): 136-143.

[18] 詹仁斌, 靳吉锁, 刘建波. 奥陶纪生物大辐射研究: 回顾与展望[J]. 2013, 58(33): 3357-3371.

[19]詹仁斌, 张元动, 袁文伟. 地球生命过程中的一个新概念——奥陶纪生物大辐射[J]. 自然科学进展, 2007, 17(8): 1006−1014.

[20]赵元龙, 袁金良, 朱茂炎等. 贵州中寒武世早期凯里生物群研究的新进展[J]. 古生物学报, 1999, 38: 1−14.

[21]张进林, 刘雨. 内蒙古大佘太地区寒武纪三叶虫[J]. 石家庄经济学院学报, 1986, 9(1): 11−18.

[22]张同钢, 储雪蕾, 陈孟莪等. 新元古代全球冰川事件对早期生物演化的影响[J]. 地学前缘, 2002, 9(3): 49−56.

[23]张太荣. 新疆阿尔金山奥陶纪三叶虫的发现[J]. 新疆地质, 1990, 8(3): 242−255.

[24]张元动, 詹仁斌, 樊隽轩等. 奥陶纪生物大辐射研究的关键科学问题[J]. 中国科学: 地球科学, 2009, 39(2): 129−143.

[25]赵方臣, 朱茂炎, 胡世学. 云南寒武纪早期澄江动物群古群落分析[J]. 中国科学: 地球科学, 2010, 40(9): 1135−1153.

[26]赵元龙, 袁金良, 朱茂炎等. 贵州中寒武世早期凯里生物群研究的新进展[J]. 古生物学报, 1999, 38: 1−14.

[27]袁金良, 赵元龙, 王宗哲等. 贵州台江八郎下、中寒武统界线及三叶虫动物群[J]. 古生物学报, 1997, 36(4): 494−509.

[28]周志毅, 甄勇毅, 彭善池等. 中国寒武纪三叶虫生物地理趋议[J]. 古生物学报, 2008a, 47(4): 385−392.

[29]周志毅, 甄勇毅, 周志强等. 中国奥陶纪地理区划纲要[J]. 古地理学报, 2008b, 10(2): 175−182.

[30]周志毅, 甄勇毅, 周志强等. 中国奥陶纪三叶虫生物地理[J]. 古地理学报, 2009, 11(1): 69−80.

[31]周志毅, 周志强, 袁文伟等. 湘鄂西部地区晚奥陶世三叶虫相和古地理演化[J]. 地层学杂志, 2000, 24(4): 249−263.

[32]周志毅, 周志强, 张进林. 华北地台及其西缘奥陶纪三叶虫相[J]. 古生物学报, 1989, 28(3): 296−313.

[33]周志毅, 罗惠麟, 尹恭正等. 滇东北奥陶纪三叶虫的地层分布[J]. 古生物学报, 2014, 53(4): 420~442.

[34]Kasting J F. When methane made climate[J]. Scientific American, 2004, 291(1): 78−85.

[35]Hoffman P F, Kaufman A J, Halverson G P, et al. A Neoproterozoic snowball Earth[J]. Science, 1998, 281(5381): 1342−1346.